オートバイの 決定版 洗車・メンテナンス入門

MOTORCYCLE WASH AND MAINTENANCE

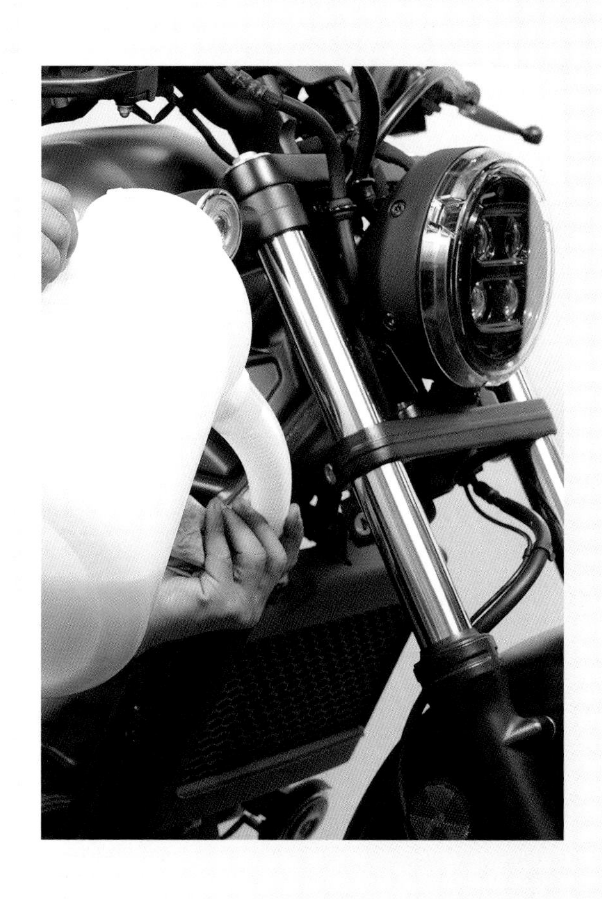

STUDIO TAC CREATIVE

CONTENTS 目次

CHAPTER 3 53 メンテナンスで使う工具やケミカル

CONTENTS 目 次

69 エンジン周りのメンテナンス

CHAPTER 5 95 足周りのメンテナンス

オートバイの 決定版 洗車・メンテナンス入門 MOTORCYCLE WASH AND MAINTENANCE

CHAPTER 6 129 電装系のメンテナンス

点検・メンテナンスサイクル表
（走行距離）

	～500kmごと	～1,000km	～3,000kmごと
点検・メンテナンス作業項目	•チェーン洗浄と注油 （500kmに満たなくても、雨天走行後は必ず清掃と注油） P.044	•エンジンオイル交換 P.072 •オイルフィルター交換 P.076 •チェーンの張り調整 P.098	•エンジンオイル交換 P.072 •オイルフィルター交換 （オイル交換2回に1回程度） P.076

走行距離や使い方に応じて、点検・メンテナンスを実施しましょう

まず、車両メーカーが指定している点検や交換サイクルは最低限守るべきものと考えましょう。これを実施していないと、車両メーカーの保証が受けられない可能性があります。またブレーキパッドやドライブチェーン、スプロケットのような消耗品は、オートバイの乗り方などで寿命が大きく変わるため、一概に〇〇kmで交換とは言い切れません。

車両メーカーが指定する交換サイクルは最低限守りましょう。ちょい乗りが多い、渋滞でアイドリングしている時間が長い、6ヶ月間で3,000km以上走る場合は、シビアコンディション（p.10参照）に相当すると考え、消耗品などの交換サイクルを早めてあげると安心です。

～5,000kmごと	～10,000kmごと	～20,000kmごと	～30,000km
・スパークプラグ交換 （一般プラグ、イリジウムプラグ） P.083	・エアクリーナーエレメントの清掃 （湿式）	・エアクリーナーエレメントの交換 （乾式・ビスカス式） ・ドライブチェーンとスプロケット交換	・スパークプラグ交換 （一部車両で採用されている、長寿命イリジウムプラグ） P.083

車両メーカーが指定する交換サイクルより、オートバイショップや用品店がすすめる交換サイクルの方が短い傾向があります。シビアコンディション（p.10参照）に該当するなど、愛車の使い方などによっては、点検とメンテナンスの頻度を高めましょう。上の表を目安にして、点検とメンテナンスを検討し、愛車を良いコンディションで維持しましょう。

点検・メンテナンスサイクル表
（年月）

	1ヶ月	半年	1年		2年
日常点検	ユーザーの判断で適時行います				
定期点検			12ヶ月定期点検		12ヶ月定期点検
車検 (251cc 以上)					
車両メーカーが指定する点検	初回点検（1ヶ月もしくは 1,000km 走行時）	6ヶ月点検・シビアコンディション点検	12ヶ月点検	6ヶ月点検・シビアコンディション点検	12ヶ月点検
消耗品の点検や交換など	エンジンオイル交換(以降は3ヶ月、もしくは 3,000km 走行ごと) オイルフィルター交換 チェーンの緩み点検 スパークプラグの点検	エアクリーナーエレメントの点検 ブレーキパッドやシューの磨耗点検 スポークの緩み点検 チェーンの緩み点検			ブレーキフルード交換（2年ごと） 冷却水

年月に応じて、各パーツの劣化が進みます

走行距離に関わらず、時間とともに劣化するオイルやパーツがあります。例えば、エンジンオイルや冷却水は徐々に酸化し、ブレーキフルードは吸湿して本来の機能を発揮しなくなります。さらに、タイヤやブレーキキャリパーのダストシール、燃料ホースやブレーキホースといったゴムのパーツは、紫外線などの影響で硬化やヒビ割れを起こすことがあります。

少しずつ劣化していくと、乗っている本人は徐々に慣らされていくためか、劣化にまったく気がつかないというケースがあります。法が定める定期点検や、車両メーカーが指定する点検は必須ですが、特に車検のない250cc以下の車両の場合は、おろそかになりがちです。上の点検・メンテナンスサイクル表を参考にして、定期的な点検を心掛けましょう。

走行距離が少なくても、ブレーキフルードや冷却水は酸化や吸湿などで徐々に劣化して、本来の性能を発揮していないことがあります。燃料ホースやブレーキホースなどのゴムパーツも交換が必要です。

	3年		4年		5年
ユーザーの判断で適時行います					
	24ヶ月定期点検		12ヶ月定期点検		24ヶ月定期点検
	車 検				車 検
6ヶ月点検・シビアコンディション点検	12ヶ月点検	6ヶ月点検・シビアコンディション点検	12ヶ月点検	6ヶ月点検・シビアコンディション点検	12ヶ月点検
	バッテリー (※使用状況などにより、バッテリーの寿命は大きく変わります)		燃料チューブ 燃料ホース ブレーキマスターシリンダーのカップとダストシール ブレーキキャリパーのピストンシールとダストシール ブレーキホース		タイヤ

酸化や吸湿、紫外線の影響でオイルやパーツは劣化します

点　検

点検には、ユーザーが積極的に実施したい日常点検と、法律や車両メーカーが定めている定期点検があります。

日常点検

日常点検の項目は法律、もしくは法律に準じて定められています。安全に気持ちよくライディングするために、オートバイの使用状況に応じてユーザーの判断で適時行う点検です。かつては乗車前点検と呼ばれていました。基本的に、「ネンオシャチエブクトウバシメ（p.20）」でカバーできるので、走行前や洗車、給油の際などに積極的に確認する習慣を身につけましょう。車両によって点検項目が異なる場合があるので、取扱説明書やメンテナンスノートなどにも目を通しておきましょう。

定期点検

定期点検には、①法律または法律に準じて行う定期点検と、②各車両メーカーが指定する定期点検の2種類があります。
①法律に準じて行う点検
安全や公害防止を目的に、1年および2年ごとに行う点検で、法定点検と呼ばれることもあります。また、251cc以上の排気量のオートバイに義務付けられている車検は、新規登録日から3年後、以降は2年ごとに行います。
②メーカーが指定する点検
新規登録から1ヶ月後の初回点検や6ヶ月点検、12ヶ月点検などに加えて、一般的な使われ方よりも厳しい条件で使われている場合に必要な、シビアコンディション点検があります。各車両メーカーのメンテナンスノートなどを参照しましょう。

①法定点検
　1年点検　33項目※年間走行距離が5,000km以下で、前回の点検を行っている場合に限り省ける項目11あり
　2年点検　51項目※年間走行距離が5,000km以下で、前回の点検を行っている場合に限り省ける項目11あり
②車両メーカーが指定する点検　各メーカーのメンテナンスノートなどに記載されています。

シビアコンディション点検

車両メーカーが指定する点検は、年間の走行距離が3,000kmほどの標準的な使い方を前提に、各メーカーが指定している点検整備項目です。より厳しい使い方はシビアコンディションと呼ばれ、以下のような使い方が該当します。

- 悪路（凸凹、未舗装路）の走行が多い（全走行の30%以上を占める）
- 走行距離が多い（6ヶ月間の走行距離が3,000km以上）
- 山道、登降坂路での走行が多い（全走行の30%以上を占める・登り下りが多く、ブレーキの使用が多い）

※四輪や一部の二輪メーカーでは、次の項目が加わります。
①短距離の繰返し走行（目安：8km/回で冷却水の温度が低い状態での走行）が多い　②外気温が氷点下での繰り返し走行が多い
③30km/h以下の低速走行が多い

メンテナンス前の基礎知識

メンテナンス実施前に知っておきたいオートバイのパーツ名称や日常点検の方法を分かりやすくまとめました。日常点検は愛車のオーナーズマニュアル、または取扱説明書も参考にして行いましょう。

車両・取材協力=ホンダモーターサイクルジャパン　取材協力=ホンダドリーム横浜旭
使用車両=レブル250

CAUTION 警告

■この本は、習熟者の知識や作業、技術をもとに、編集時に読者に役立つと判断した内容を記事として再構成し掲載しています。そのため、あらゆる人が本書で紹介している作業を成功させることを保証するものではありません。よって、出版する当社、株式会社スタジオ タック クリエイティブ、および取材先各社では作業の結果や安全性を一切保証できません。作業により、物的損害や傷害、死亡の可能性があります。その作業上において発生した物的損害や傷害、死亡について当社では一切の責任を負いかねます。すべての作業におけるリスクは、作業を行なうご本人に負っていただくことになりますので、充分にご注意ください。
■本書は、2022年6月30日までの情報で編集されています。そのため、本書で掲載している商品やサービスの名称、仕様、価格等は、製造メーカーや小売店等により、予告無く変更される可能性がありますので、充分にご注意ください。
■写真や内容が一部実物と異なる場合があります。

PART 01

オートバイの各部名称

メンテナンスの過程で登場する各部パーツの名称は、部品の手配やスムーズに作業する上で、覚えておくのは必須です。

車体の右側

外装パーツを中心にしたパーツ名称です。メーカーや車種によって名称が異なることがあるため、一般的な呼称で紹介します。

タンデムシート

二人乗り時に使うシートで、ピリオンシートとも呼ばれます

ライダーシート

運転者用のシートです

ウインカー P.26・150

後方に右左折や進路変更を示す方向指示器です

リアフェンダー

リアタイヤの泥除けです。スイングアームなどに固定されるインナーフェンダータイプ以外に、テールカウル (p.18) と一体式のタイプなどがありますが、役割は同じです

リアタイヤ P.22・122

路面と接するタイヤの接地面をトレッド、側面をサイドウォールと呼びます

リアサスペンション

衝撃を吸収したり、タイヤを路面に追従させたりするためのパーツです。フレームとスイングアームの間に取り付けられています

エキゾーストマフラー P.24・100

前側のエキゾーストパイプと後ろ側のサイレンサーで構成されています。排気ガスを後方に排出して、消音効果を発揮します

燃料タンク P.21

ガソリンを入れる燃料タンクは、フューエルタンクやガソリンタンクとも呼ばれます。樹脂製のタンクカバーの下にインナータンクを持つ車両もあります。燃料タンクの下にスパークプラグがあるため、スパークプラグ交換時に、燃料タンクの取り外しが必要な車種もあります

ウインカー P.26・150

周囲の車に右左折や進路変更を示す方向指示器です。振動などでウインカーバルブの球が切れた際は、新品バルブに交換します

ヘッドライト P.26・146

進行方向を照らすライトで、ディマースイッチでロービームとハイビームに切り替えられます。LEDを採用した車両も増加しています

フロントフェンダー

フロントタイヤの泥除けです

エンジン P.24

動力を生み出すエンジンです。エンジンオイルの注入口と排出口（ドレンボルト）、オイル量の点検窓の位置を確認しておきます

フレーム

バイクの骨格に当たるフレーム。近年は、エンジンがフレームの剛性メンバーとして設計されているモデルが増えています

ラジエター P.21・88

冷却水を冷やす放熱器で、その中の通路を冷却水が通過します。冷却水を入れる投入口が付いていることが多いです

車体の左側

主に車体の左側から見えるパーツ名称です。メンテナンスの作業工程で登場することもあるので、覚えておきましょう。

インジェクター

ガソリンと空気を混ぜてエンジン内に供給するスロットルボディにあるパーツで、ガソリンを噴射します

スパークプラグ P.83

エンジン内の混合気に点火する役割を持つのがスパークプラグです。エンジン上部のシリンダーヘッドに組み込まれています

フロントフォーク P.28

フロントフォーク内部には、スプリングやダンパー、フォークオイルが入っており、前輪の衝撃を吸収します。フロントサスペンションと呼ばれることもあります

フロントタイヤ P.22・122

ほとんどの車両では、リアタイヤより細いタイヤを履いています

ホイール P.22

車輪のことで、リム、スポーク、ハブで構成されています

フロントスプロケット P.97

スプロケットカバー内にある前側のスプロケット(歯車)は、フロントスプロケット、もしくはドライブスプロケットと呼ばれます

バックミラー P.27

後方を確認するミラーです。保安基準によって、平成19年以降に作られた車両は、右側のミラーが障害物などに当たった際に衝撃を緩和できるように、右に回すと緩むように作られています。逆ネジになっていたり、アダプターを介しているので、脱着時には注意しましょう

テール&ブレーキライト P.26・155

後方に自車の存在を知らせるテールライトと、ブレーキ時に点灯するブレーキライトです

チェーンアジャスター P.98

スイングアーム(p.18)の後端には、ドライブチェーンの張りを調整するチェーンアジャスターがあります。車両によっては、アジャストプレートを使ったスネイルカム式や、カラーを使ったエキセントリック式のアジャスターが採用されている場合もあります

冷却水リザーブタンク P.21・88

冷却水を溜めるタンクで、リザーバータンクとも呼ばれます。液量を点検するために、アッパーラインとロワーラインがあります

ドライブチェーン P.23・98

後輪に駆動力を伝えるチェーンです。磨耗すると緩みが出るので、定期的な張り調整や交換が必要になります

リアスプロケット P.23・97

後ろ側のスプロケット(歯車)は、リアスプロケット、もしくはドリブンスプロケットと呼ばれます。磨耗時には交換が必要です

ハンドル周り

ハンドル周りやメーター周りには、様々なパーツやインジケーターが集まっています。一般的な呼称を覚えておきましょう。

時計

現在時刻を表示します

速度計

スピードを表示するメーターです

距離計

走行距離を示すメーターです。オドメーター（総走行距離表示）やトリップメーター（区間走行距離表示）に切り替え可能です

ギヤポジションインジケーター

ギヤ数を示すインジケーターです。シフトポジションインジケーターとも言います

各種ランプ類 P.24

警告灯、ハイビーム、ニュートラル、ウインカーなどの点灯を示すランプ類です

ガソリン残量計 P.21

ガソリン残量を示す燃料計です

クラッチレバー P.26

クラッチを操作し、駆動力を切ったり繋いだりするレバー。遊び量の調整が必要です

メーターユニット

速度やエンジン回転数、ギヤポジション、各種警告灯などを表示するメーターです

ブレーキリザーバータンク P.25

フロントのブレーキフルードを溜めているタンク。点検窓から、ブレーキフルードの量を確認できます

ブレーキレバー P.25

フロントのブレーキを利かせるレバーです。現在主流の油圧式のブレーキシステムでは、ブレーキレバーの付け根にマスターシリンダーのピストンがあり、レバーを握るとピストンが押される仕組みです

スロットルグリップ

エンジンの回転数をコントロールするもので、アクセルグリップとも呼ばれます。グリップの端が貫通しているタイプと、非貫通型があります。前者の場合は、ハンドルエンドに、バーエンドキャップ（バーエンドプラグ）が取り付けられます

左スイッチボックス

ハンドルの左側にあるスイッチボックスには、ディマー（ハイロービーム切り替え）、ウインカー、ホーン、パッシングのスイッチがあります

右スイッチボックス

ハンドルの左側にあるスイッチボックスには、キルスイッチ（エンジンストップスイッチ）やスターターボタンがあります

足周り

主に前後のブレーキ周りのパーツ名称です。ブレーキパッドやブレーキフルード交換の作業のために覚えておきたい名称です。

ブレーキディスク

ディスクローター、ブレーキローターとも呼ばれるパーツです。近年では、縁が凸凹しているウェーブディスク(ウェーブローター)、もしくはペータルディスクと呼ばれる形も多く、表面積が増えるので放熱性が高く、排水性やブレーキダストのクリーニング効果が高い特長があります

ブリーダースクリュー P.115

ブレーキフルードの排出口を塞いでいるボルトです。ブレーキフルード交換時には、このボルトを緩めてフルードを排出します

アクスルシャフト(前)

フロントフォークのボトムケース左右に通る軸(アクスルシャフト)で、フロントホイールを支持しています。アクスルナットが緩まないように、ピンで固定したり、セルフロッキングナットが使われることもあります

ブレーキキャリパー P.109

ブレーキフルードの圧力でキャリパー内のピストンを押し出し、ブレーキパッドをブレーキディスクに押し付けます。隙間から、ブレーキパッドの残量を確認できます

ブレーキホース

マスターシリンダーとキャリパーをつなぐホースで、中はブレーキフルードで満たされています。ブレーキペダルを踏んだ力を、圧力に変えて、ブレーキキャリパー内のピストンに伝えるための大切なパーツです

キャリパーマウント

キャリパーベースやキャリパーサポートとも呼ばれます。スイングアーム側に固定されており、このマウントのおかげで、ブレーキキャリパーが左右に動き、ディスクをバランスよく挟むことができます

アクスルシャフト・アクスルナット(後) P.98

アクスルシャフトという軸とアクスルナットで、リアホイールをスイングアームに固定しています。チェーンの張り調整時やホイール脱着時に緩めたり、脱着したりします

外装部品（フルカウル車）

これまでの解説に登場しない、フルカウル車ならではの外装パーツの名称を中心に紹介していきます。

テールカウル

車体の後部を覆っている外装パーツで、シート部分から車体後部に続いているので、シートカウルと呼ばれることもあります。車種によっては、テールランプが直接取り付けられていたり、テールランプのホルダーを支持している場合もあります

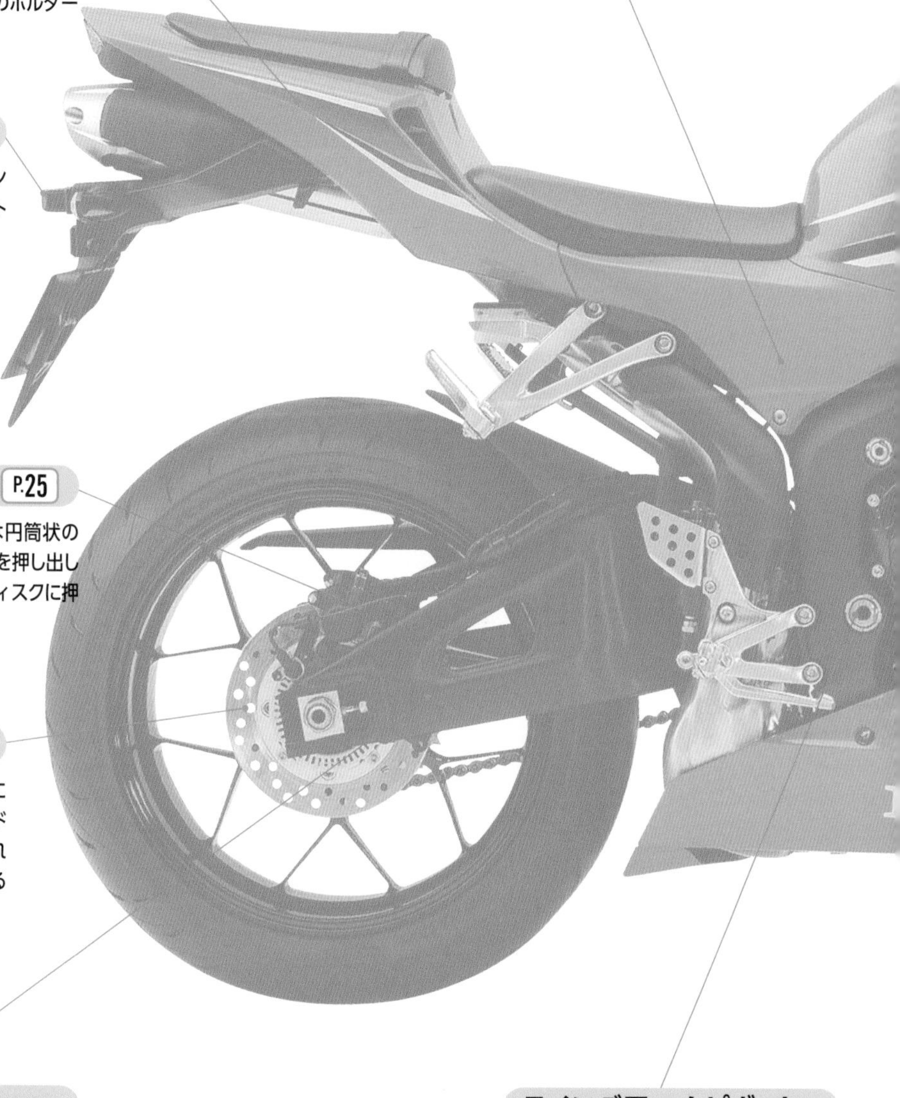

ナンバー灯

ナンバープレートを照らすナンバー灯です。ライセンスプレートライトとも呼ばれます

ブレーキキャリパー P.25

ブレーキキャリパーの内側には円筒状のピストンがあり、圧力でピストンを押し出してブレーキパッドをブレーキディスクに押し付け、制動力を生み出します

ブレーキディスク

ブレーキディスクはホイールに固定されていて、ブレーキパッドで挟まれることで制動力が生まれます。ホイールとともに回転するパーツです

スイングアーム

車体後方にあるリアタイヤを支えているパーツで、スイングアームの前側はフレームやエンジン後部で支持されています

バッテリー P.134

電気を供給する部品です。車種によってバッテリーの位置は様々ですが、多くのモデルはシート下に配置しています

スイングアームピボット

フレームとスイングアームの接続部で、スイングアームはここのピボットシャフトボルトを軸にして動きます

ウインドシールド

ライダーを風から守るウインドシールドです。風の抵抗を軽減してくれます

アンダーカウル

車体の下部を覆っている外装パーツです。エンジンオイル交換やオイルフィルター交換時に、脱着が必要な場合もあります

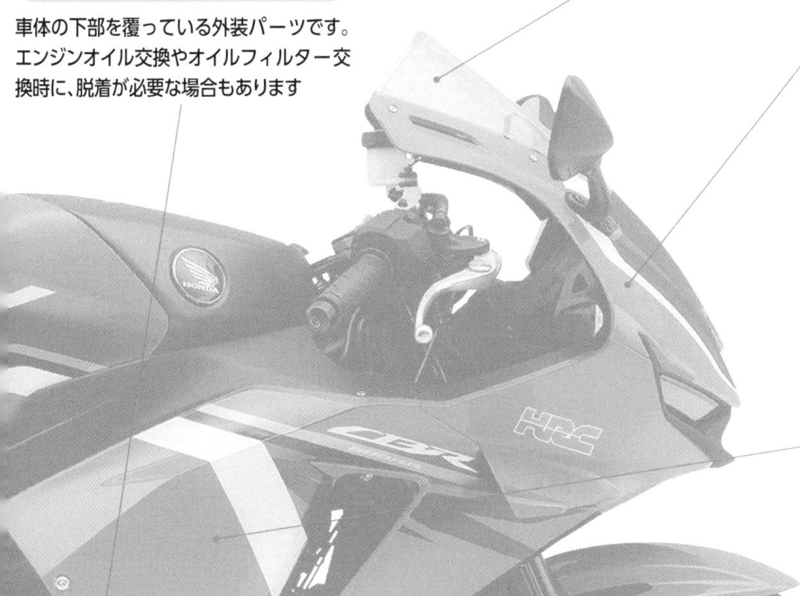

フロントカウル

車体の前面を覆っている外装パーツで、アッパーカウルとも呼ばれます。カウリングやフェアリングという呼称もあります

サイドカウル

車体の横を覆っているパネルです。内側に冷却水のリザーバータンクがあるため、冷却水交換時には脱着が必要になります

ブレーキキャリパー P.105

ブレーキフルードの圧力でキャリパー内のピストンが押し出され、ブレーキパッドをブレーキディスクに押し付けます

ブレーキディスク

ホイールに固定されているディスクで、ブレーキパッドで挟まれた時の摩擦力で制動力を生み出します

PART 02

日常点検

日常点検はユーザー自身で必要に応じて行う点検で、法令で義務付けられています。以前は運行前点検と呼ばれていました。

ネンオシャチエブクトウバシメ

日常点検の項目を覚えるために、点検項目の頭文字をとって作られた言葉です。声に出して覚えましょう。

ネン 1 燃料　ガソリン残量の点検

フューエルインジケーター

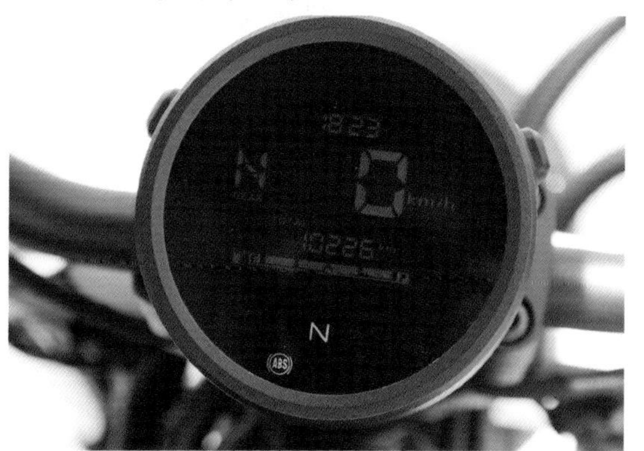

メーターにあるフューエルインジケーター（残量計）は、車体の傾きで表示が変わることがあります。特に前後方向において傾きのない状態で確認するようにしましょう

ガソリン残量の点検

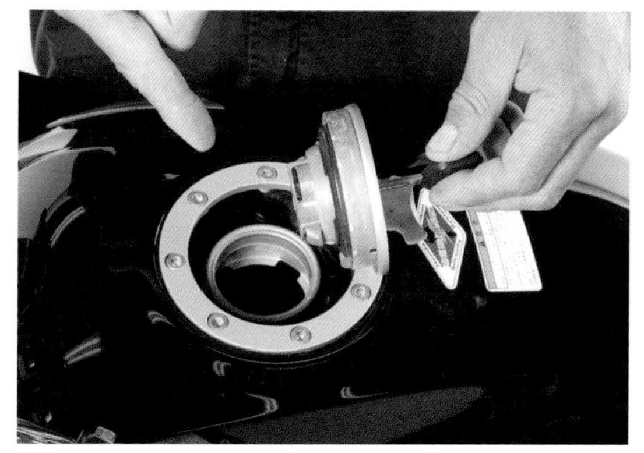

燃料タンクのフューエルキャップを開け、目視でガソリンの残り具合を確認します。引火の可能性が高いので、見えにくいからとライターの火で照らすことは絶対にしてはいけません

オ 2 オイル　エンジンオイルの量と汚れ具合の点検

エンジンオイル量の点検

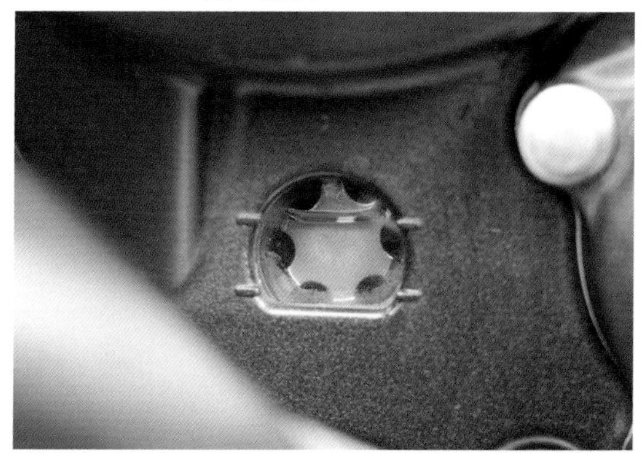

暖気後にエンジンを止めて5分ほど待ち、車体を垂直に立てた状態でエンジンオイルの油面が点検窓やゲージのアッパーラインとロワーラインの間にあるか確認します。またオイルが汚れていないかも確認しておきます

冷却水の量や漏れの点検

冷却水のリザーバータンクの液面が、アッパーとロワーのラインにあるかを点検します。奥まった位置にあって見ずらい場合、ライトで照らしてみると改善する場合があります

● アドバイス Advice

エンジンオイルの色チェック

エンジンオイルの交換時、新品時の色を覚えておくと汚れ具合が見分けられます。一般的なオイルは飴色をしていて、それが茶色、黒色へと変化していきます。点検窓がある場合、水分混入による乳化が起きて白濁していないかもチェックしていきましょう

シャ3 車輪　タイヤの空気圧や磨耗状態の点検

バルブキャップを外し空気圧を確認する

空気圧を測定するため、バルブが作業しやすい位置になるようホイールを回し、バルブキャップを外します。そしてエアゲージを使い空気圧を測ります。測定はタイヤが冷えた冷間時に行います

指定空気圧の確認

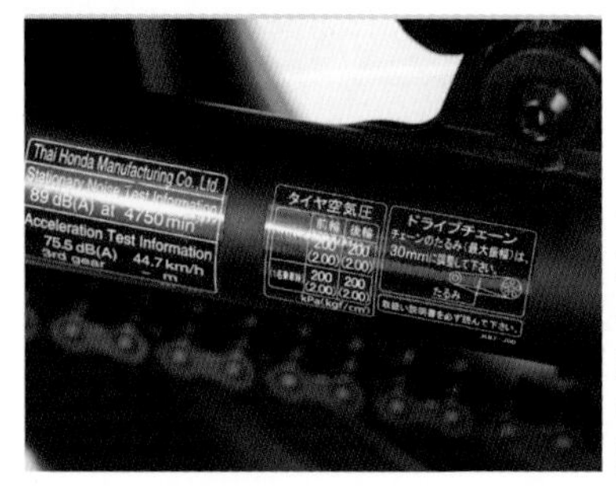

チェーンガードやスイングアームなどに、前後タイヤの指定空気圧表示のあるステッカーが貼ってあります

異物やヒビ、損傷を点検

タイヤを一周させ、トレッド（接地）面、サイドウォール（側面）に異物やヒビ、損傷がないかを点検します

ウェアインジケーターの確認

サイドウォール側面にはウェアインジケーターの位置を示す印があります。その位置を参考に、溝の中のウェアインジケーターを点検します。タイヤの摩耗が進むと溝が浅くなり、ウェアインジケーターが溝の一部を分断するので、そうなる前に交換します

チ 4 チェーン　緩みや磨耗、注油状態の点検

チェーンの状態とたわみ量点検

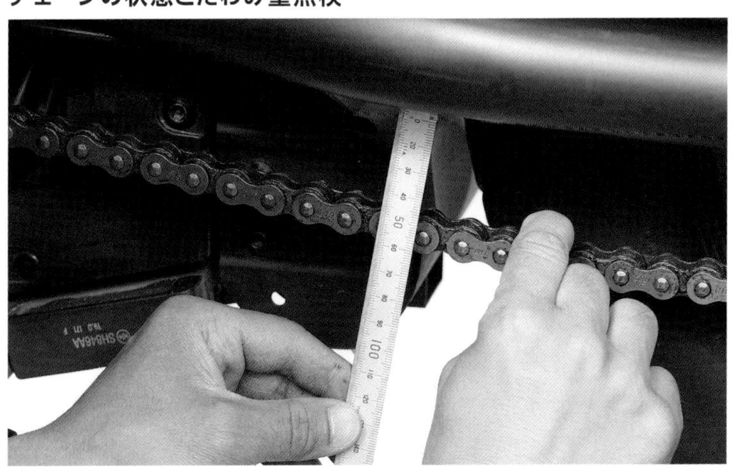

ドライブチェーンのたわみ量が適正かを点検します。たわみ量は前後スプロケットの中間地点で点検し、手で上下に動かした時の振り幅を測定します。適正値はスイングアームやチェーンカバーのステッカー、取扱説明書に記載されています

チェーンの確認

ドライブチェーンが汚れていないか、注油状態が充分か、一直線ではなく固着して波打っていないかを点検します

スプロケットの磨耗点検

スプロケットの歯が削れ、鋭利に尖っている場合は交換が必要です。新品時の形を覚えておくと、摩耗具合を判断しやすくなります

ドライブチェーンの寿命

チェーンアジャスターを限界まで引いてもたるみ量が適正にならない、スプロケットに掛かった所を引っ張った時、浮いてしまう時はドライブチェーンの寿命です

ゴム部分の点検

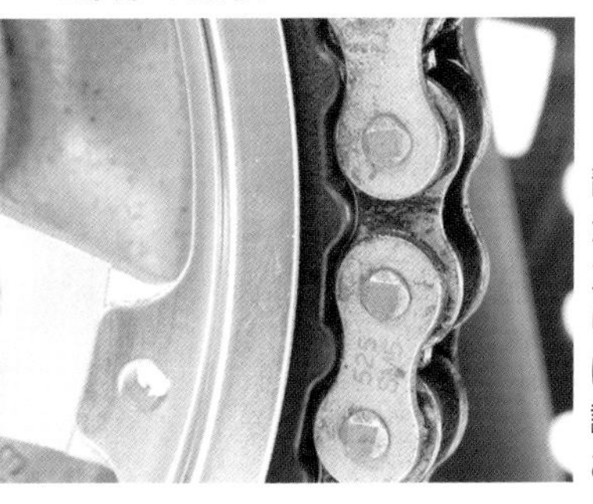

静音のため、ゴムが取り付けられたスプロケットがあります。その場合はゴムの状態を確認し硬化や破損があれば交換します

エ 5 エンジン　異音やオイル類の漏れ点検

エンジン音やオイル漏れの確認

各部からオイルが漏れていないかを確認し、問題なければエンジンを始動します。その時、いつもと違う異音がしないか、アイドリングが安定しているか。スロットルグリップの回し具合に応じて回転数がスムーズに変化するかを点検します

排気漏れの確認

エキゾーストパイプとエンジン、サイレンサーの接続部から排気漏れがないかを点検します。漏れていると、例えばエンジンとの接続部ならピタピタといった音がし、また排気ガスによる汚れが見られます

ブレーキ　ブレーキの遊びや液量、パッド残量の点検

フロントブレーキ

ブレーキレバーの点検

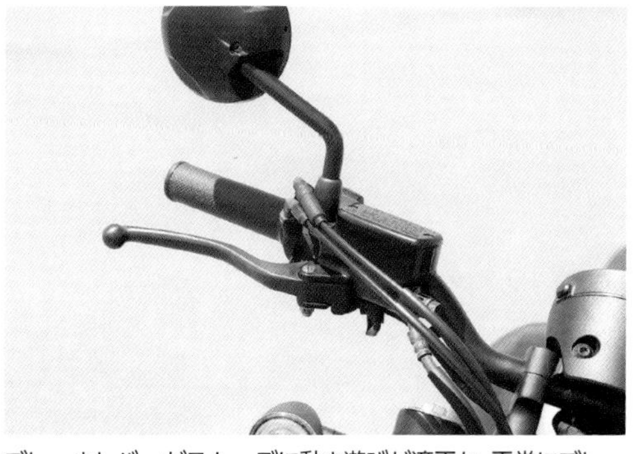

ブレーキレバーがスムーズに動き遊びが適正か、正常にブレーキが利くかを点検します

ブレーキパッドの残量確認

ブレーキパッドの残量を隙間から目視点検します。見える位置は限られるので、角度を変えながら点検しましょう

リアブレーキ

ブレーキペダルの点検

ブレーキペダルが引っかかり無く動き、遊びが適正で操作時にきちんとブレーキが利くかをチェックします

ブレーキパッドの残量確認

ブレーキパッドの残量を点検します。寿命の目安は取扱説明書に記載されています

ブレーキフルードの点検

フロントブレーキフルード量の確認

車体を垂直にし、リザーバータンク内の液面がロワー以上か点検します。下回っている場合、ブレーキパッドの残量が少ない、もしくは漏れている可能性があります

リアブレーキフルード量の確認

リアのリザーバータンクのフルード量も同じ要領で点検します

ク7 クラッチ・クラクション　レバーの遊びや切れ具合

クラッチの点検

クラッチレバーを操作し、スムーズに動くか、遊びが適切でクラッチが確実に断続できるかを点検します

ホーンの点検

スイッチボックスのスイッチを押し、ホーンが作動するか確認します

トウ8 灯火類　ヘッドライト、ウインカー、テールライト

ヘッドライトの点検

ヘッドライトがロービームとハイビームとも点灯するかを点検します

ウインカーの点検

前後のウインカーがスイッチ操作と連動して点灯し、また正常なタイミングで点滅するかをチェックします

テール・ブレーキランプの点検

テールランプが点灯するか、ブレーキレバー・ペダル操作時にブレーキランプが点灯するかを確認します

● アドバイス Advice

LEDは壊れにくい

白熱球バルブを使った従来の灯火類は、バルブの発光部、フィラメント切れによる作動不良が起こりえます。近年採用例が増加しているLEDを使った灯火類はそういった作動不良の可能性は大きく低減していますが、いざ壊れると修理費は高額です

バ 9 バッテリー　ハンドル　バックミラー

バッテリーへアクセスする

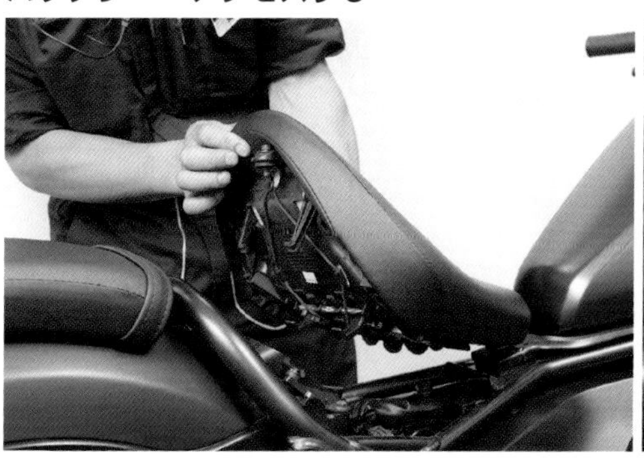

シート下などにあるバッテリーにアクセスするため、シートを取り外します。バッテリーが露出したら、電極部分に腐食がないか、バッテリーコードの接続に緩みがないかを点検します

バッテリー電圧の点検

バッテリーのプラス、マイナス両端子間の電圧を測定します。写真ではバッテリー単体で点検していますが、車載状態でも実施可能です。測定した電圧が12.8Vを下回るようなら、補充電します

バックミラーの点検

乗車姿勢状態で後方がしっかり確認できる位置にバックミラーを調整します。また鏡面の汚れを掃除しておきましょう

シメ 10 増し締め　各部締め付け

ブレーキキャリパー取り付けボルト

特に安全性に直結する部分を点検します。まず第一はブレーキキャリパーの取り付けボルトです。またブレーキパッドを固定するパッドピンの緩みも点検しておきましょう

アクスルシャフト

前後ホイールのアクスルシャフトの緩みも点検します。アクスルシャフトはフロントではアクスルナットだけでなく、クランプで固定されている場合もあります

ハンドルやレバーのクランプボルト

正常な操作ができないのはとても危険なので、ハンドルバーや左右レバーを固定しているクランプボルトの緩みもチェックポイントです

サスペンション固定部

フロントフォークを固定するトップブリッジ、アンダーブリッジのボルト、リアサスペンションの固定ボルトも点検します。足周りは、緩みがあると上下にストロークさせた時にきしみ音やガタが発生します

● アドバイス Advice

作業した部分は要確認

各部の取り付けボルトやナットは、適切な整備がされていれば緩む可能性は高くありません。ただ単気筒車に代表される振動の多い車両、旧式車ではその限りではなく点検は重要です。また自分でメンテナンスをした部分は締め付け具合が不適切で緩む例が少なくないので、特に実施直後は念入りに点検するようにします。

PART 03

最低限の点検項目

全ての乗車前点検を実施するには時間が必要です。急いでいるときでも最低限実施したい、重要項目を抜き出して解説します。

ブタと燃料

通常の日常点検を行う時間が無い場合でも、これだけは必ず点検しておきたい項目があります。

ブ=ブレーキ P.25

ブレーキの利き具合やブレーキレバーやペダルの遊び、フルードの量、ブレーキパッドやシューの残量を点検します

タ=タイヤ P.22

タイヤの空気圧やスリップサイン磨耗状態、ヒビや亀裂などを点検します

と=灯火類 P.26

ヘッドライト、ウインカー、テールランプ、ブレーキランプの点灯確認をします

燃料=ガソリン P.21

フューエルキャップを開けて、ガソリンの残量を確認しましょう

PART 04

取扱説明書

取扱説明書にはオーナーにとって把握しておきたい情報が詰まっています。乗車やメンテナンス前に熟読するようにしましょう。

取扱説明書のメンテナンス情報を確認しましょう

モデルごとの扱い方やメンテナンス情報は、取扱説明書を参考にしましょう。取扱説明書を紛失してしまった場合や、中古車を購入した際に付属していなかった場合には、各メーカーのホームページからダウンロードできることもあります。

参考までに国内二輪メーカーの取扱説明書ダウンロード情報を紹介します。モデル名や年式などを打ち込んで、目当ての取扱説明書が見つかれば、ダウンロードしておきましょう。

ホンダ
https://www.hondamotopub.com/HMJ

ヤマハ
https://www2.yamaha-motor.co.jp/jp/manual/mc/index

スズキ
https://www1.suzuki.co.jp/motor/support/owners_manual/

カワサキ
https://www.kawasaki-onlinetechinfo.net

洗車とドライブチェーンのメンテナンス

オートバイに付いた汚れは美観上好ましくないだけでなく、塗装を傷付けたり錆や摩耗を促進してしまいます。それらを落とす洗車とコーティングの手順、また重要なドライブチェーンのメンテナンスを解説します。

車両協力=ホンダモーターサイクルジャパン
取材協力=デイトナ https://www.daytona.co.jp

CAUTION 警 告

■この本は、習熟者の知識や作業、技術をもとに、編集時に読者に役立つと判断した内容を記事として再構成し掲載しています。そのため、あらゆる人が作業を成功させることを保証するものではありません。よって、出版する当社、株式会社スタジオ タック クリエイティブ、および取材先各社では作業の結果や安全性を一切保証できません。また作業により、物的損害や傷害の可能性があります。その作業上において発生した物的損害や傷害について、当社では一切の責任を負いかねます。すべての作業におけるリスクは、作業を行なうご本人に負っていただくことになりますので、充分にご注意ください。

PART 01

洗車の道具とケミカル

洗車用として多くの道具やケミカルがあります。それは必要性があるためで、専用品を使うと効果と効率を大きくアップできます。

洗車の道具

洗車道具やケミカルは、必要に応じて揃えていきましょう。洗車のやり方によっても、必要な道具やケミカルが変わります。

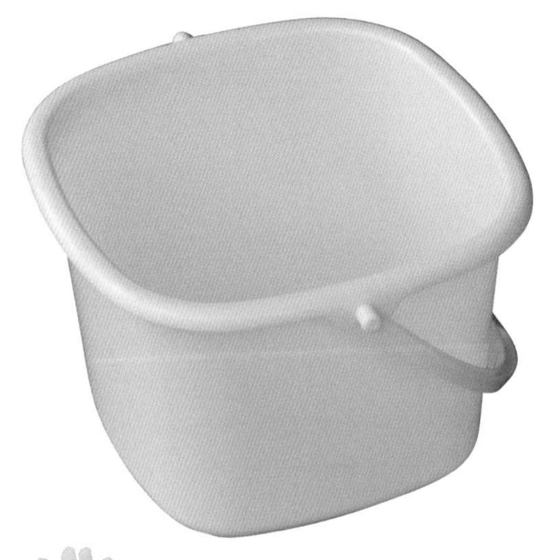

バケツ

水道の蛇口やホースで水を引く環境が無くても、バケツに水を汲んでおけば、水を使った洗車ができます。洗車用の洗剤や家庭用の中性洗剤を適量入れて洗浄液を作ります

マイクロファイバーミトン

洗車用スポンジ

水を使った洗車で、洗浄液と水を染み込ませ、外装を優しく洗う時に使います。ミトンタイプは凹凸がある部分や込み入った部分も効率良く洗うことができます

エンジンやブレーキ周りなど、手強い汚れが付着した凹凸がある部分を洗うのに有効なナイロン製のブラシ。毛足が長いもの、フレキシブルに曲がるものだと、手の入りにくい部分も効果的に汚れを落とすことができます

チェーンブラシ

ドライブチェーン用のブラシで、チェーンの3面を一度に洗うことができます。チェーン洗浄の効率を大きくアップできるおすすめのアイテムです

獣毛ブラシ

豚毛製など動物の毛を使ったブラシは、毛先が広がりにくくコシがあるのが特徴です。耐久性が高く汚れが落としやすいため、ドライブチェーンの洗浄に最適。安価に入手できるのもメリットです

マイクロファイバーミトン

髪の毛の1/100という細い繊維で作られた布で、吸水性に優れる一方、柔らかいため部品を傷つけにくく、さらに汚れなどを拭き取る力も強い特長があります。洗車全般、ケミカルの拭き取りなど様々に使えるので複数用意しましょう

フレキシブルホイールブラシ
泥やホコリはもちろん、ブレーキダストにより汚れやすいにも関わらず、洗いにくいホイール専用のブラシ。傷がつきにくいスポンジ製ブラシを、簡単に曲げられ、手が入りにくい部分も使いやすい柄に組み合わせています

トレー
チェーンの洗浄時など、車体から落ちる汚れを受けたり、道具類をまとめておくのにも便利なのがトレーです。浅いものもありますが、深いものの方が幅広い用途に使えるのでおすすめです

メンテナンススタンド
チェーンの洗浄・注油作業であると大きく作業性がアップするのがメンテナンススタンドです。ジャッキやリアホイールの下に敷き、車輪が移動せずに回転させられるローラーでも構いません

洗車のケミカル

効率よく洗車するのに不可欠なケミカル。有効活用するためにも、使用前にはしっかり取扱説明を読んでおきましょう。

バイク用シャンプー

スプレー式クリーナー

水洗いに欠かせないバイク用洗浄剤です。水に溶かして使うシャンプータイプ、直接スプレーするタイプがあります。シャンプータイプは、充分泡立てた状態で使うようにしましょう

クイッククリーナー

水を使わずスプレーし拭き取るだけで汚れが落とせるアイテム。このモトレックスのクイッククリーナーはスプレーするだけで滴下効果が増すメリットもあります。

ホイールクリーナー

想像より頑固なホイールの汚れに対応した専用クリーナー。スプレーし3分ほど放置すると泡状になり、汚れが浮き上がるので、それを流すだけと使い方も簡単です

チェーンクリーナー

ドライブチェーンの汚れを落とすケミカルです。デイトナのチェーンクリーナーは、シールチェーンのゴムを傷めず、防錆剤を配合しています。モトレックスのチェーンクリーナーは強力な洗浄力を持ちつつゴム質を侵さずシールチェーンにも安心して使えます

チェーンルブ

ドライブチェーンを潤滑するためのもので、洗浄後に用いるとより長時間潤滑効果が得られます。デイトナ・チェーンルブはフッ素樹脂配合の半透明タイプ。モトレックスのチェーンルブは用途に合わせたロード、オフロード、レーシングの3タイプが用意されています

シートクリーナー

他とは異なる素材で作られたバイクのシート（布地や合成レザー）に特化したクリーナーで、スプレーして拭き取るだけで簡単に汚れを落とすことができます

コーティング剤

洗車後の輝きや色持ちを維持させるために使います。モトシャインは塗装、プラスチック、メッキ部等に使用でき、水滴を避ける効果も得ることができます

耐熱ワックス

エンジンやマフラー等、高温になる部分用の艶出し保護剤です。耐熱性オイル状高分子皮膜により、270℃においても艶が長持ちします

スクリーンクリーナー

ウインドスクリーン、レンズ、ヘルメットシールドの汚れだけでなく、小傷も取り除けるクリーナー。汚れが再びつくのを防止する効果もあります

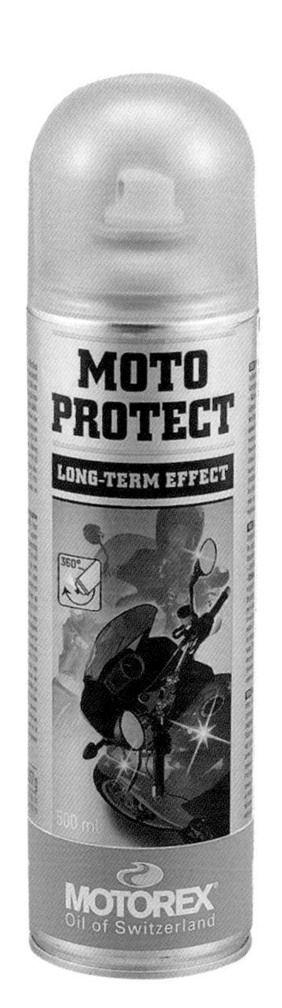

使用NG部もあるので
説明書は必ず確認しましょう

オイルコーティング

汚れや酸化（錆）から車体を守ってくれるケミカルです。このモトプロテクトは金属、メッキ部、塗装面に使用可能で、薄いオイル膜によりホコリや汚れから保護。長期保管時や錆びやすいボルトの頭の保護に最適なケミカルです

PART 02

洗車の基本

洗車前に覚えておきたい基本を解説します。不用意に作業すると、
愛車を傷つけたり、錆を発生させることになるのです。

水は上から下、前から後ろへ

水の圧力にも注意

水洗いで水をかける時は、上から下、前から後ろの向きでかけると、構造上水に弱い所に水分が入りづらくなります。ただ高圧洗浄機で強い圧力で水をかけると、狭い場所まで水が入り錆を生むので避けましょう

水に弱い所に注意

代表選手はマフラー

車体各部には内部に水が入ると動作不良を招く場所があります。マフラー（サイレンサー）内部の他、ハンドルのスイッチボックス、メーター、バッテリーやヒューズといった電装系がそれで、水が入らないよう気を付けます

優しく洗う

汚れは泡で包み込みように洗う

汚れがある状態で強くこすり洗いすると、汚れが研磨剤となって車体を傷つけてしまいます。汚れを泡で包み込んだ状態で優しく洗い、しつこい汚れは洗車後のワックスやコンパウンドで落とすと効果的です

ケミカルの取り扱い

付着させてはいけない場所に注意

チェーンルブや車体保護コーティング剤がタイヤやブレーキ、さらにステップバーやハンドルグリップに付くと、滑ってしまい危険です。またゴム部や高温部など使用不可部分もあるので、説明書をよく読んでおきましょう

PART 03

水を使った洗車

ここからは洗車の基本と言える、水を使った洗車を説明していきます。泥汚れなど、ひどい汚れがある時には水洗いがおすすめです。

車体

外装やエンジンなど、車体全体を水洗いしていきます。最初に水をかけ、泥やホコリを流しておくことがポイントです。

01 シャンプーを水に溶かす

適切な量のシャンプーを水に混ぜて(この製品は水1Lに対してキャップ4杯分(およそ50ml))、洗浄液を作ります

02 スポンジ等に直接取ってもよい

シャンプーは水に入れるのではなく、水を含ませたスポンジ等に適量付ける方法もあります

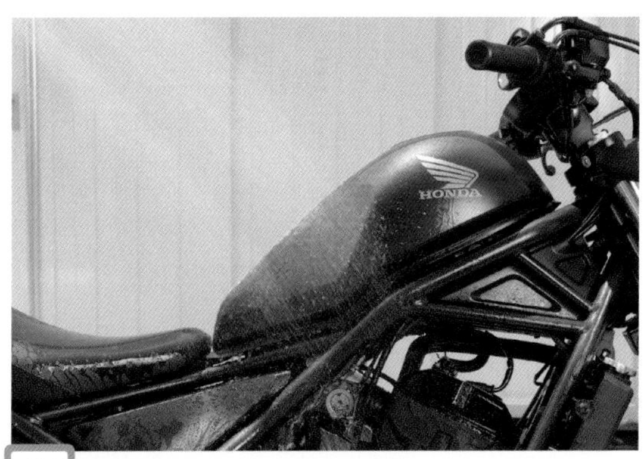

03 水で泥やホコリを洗い流す

まず水で車体に付いた泥やホコリ等を洗い流します。いきなりこすり洗いすると傷の原因になるからです

04 スポンジ等で洗車する

洗浄液を含ませたスポンジで車体を優しく洗います。上から下の順に洗っていきます

05 ブラシでエンジンを洗う

手が届きづらいエンジン周り等は、洗浄液を付けたエンジンブラシを使って洗っていきます

06 ブレーキ周りも洗う

汚れやすいブレーキ周りは、取り回しの良い短めのブラシでしっかり洗いましょう

ポイント Point

スプレータイプクリーナー

スプレータイプのモトクリーナーは、目立たない所で問題が無いかテストした後、約50cmの距離からスプレーし（ノズルが切替式なので泡が出るモードで）、汚れが浮くまで待った後（最大3分、乾燥させないこと）に水で洗い流します。汚れがひどい場合は、水で洗い流す前にスポンジやブラシでこすり洗いします

07 汚れを洗い流す

たっぷりと水を使い、上から下の順で完全になくなるまで泡を洗い流します

08 水分を拭き取る

残っているとシミの原因になるので、乾いた布で水滴を拭き取ります

ホイール

ホイールは頑固な汚れがあり、きれいにしにくいポイント。専用のケミカルと道具を使い洗っていきます。

01 水洗いする

まずたっぷりの水でホイールを水洗いし、泥やホコリを洗い流します

02 クリーナーを吹き付ける

ホイールクリーナーを吹き付け、汚れが浮き上がるまで待ちます

03 ブラシを使い洗う

手が入りにくいので、ホイールブラシを使い隅々まで汚れをこすり洗いします

04 汚れや泡を洗い流す

たっぷりの水で汚れとクリーナーを洗い流します

05 乾燥前に拭き上げる

乾燥する前に、乾いた布で水滴を拭き上げます。マイクロファイバークロスが便利です

PART 04

水を使わない洗車

より手軽にできる水を使わない洗車の方法を紹介します。短時間かつ少ない手順でできるので、ツーリング先でも実行できます。

車体

モトレックス・クイッククリーナーで洗っていきます。使用に適さない部分があるので、説明書をよく読んでから作業してください。

01 直接スプレーする

スプレーしたら、汚れが浮くまで数秒待ちます。浮かない砂や泥があった場合は、そっと落としてから作業します

02 乾いた布で拭き上げる

液剤が乾燥する前に、柔らかい布で拭き上げます。このミトンは裏面がマイクロファイバークロスになっています

03 金属部分にも使用可能

クイッククリーナーは金属部分にも使えますが、手の届かない所は避けましょう

04 拭き上げる

滴下効果を得るため、乾燥前に拭き磨き込みます。拭かずに乾燥させると跡が残る可能性があるので注意です

ポイント Point

タイヤ、グリップ、ステップ部には使用しない

クイッククリーナーは悪影響を及ぼす可能性があるのでタイヤやグリップ、ステップに使ってはいけません。またその付近も付着する可能性を避けるため使わないか、もし使う場合はしっかり養生し、それらに液剤がかからないようにする必要があります

シート

シートはツルツル滑るようだと危険です。洗う場合は専用のクリーナーを使うのが安心です。

汚れが軽度の場合、柔らかい布にシートクリーナーをスプレーして液剤を付けます。シートクリーナーは、吹き付ける前に充分振って、中身を混ぜておきましょう

01 柔らかい布にスプレーする

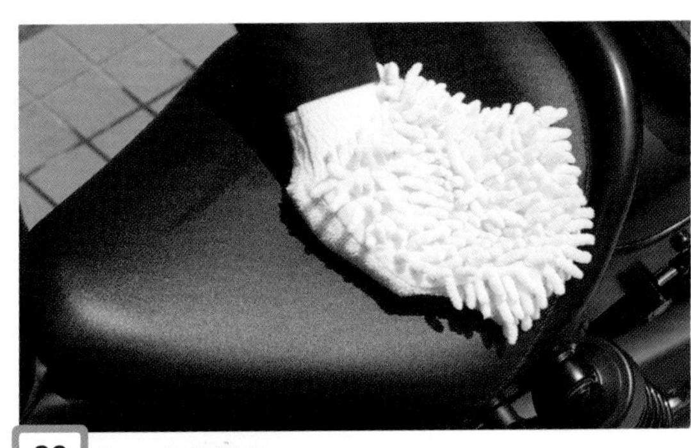

02 シートを洗う

液剤を付けた布でシートを洗います。汚れがひどい場合、シートに直接スプレーし、3～5分後に拭き上げます

ポイント Point

シートが熱い状態では液剤がすぐに乾き、跡が残る場合があるので、事前に水をかけ温度を下げておきます

03 使用後は手を洗う

洗い終わったら、石鹸を使って手をしっかり洗います

PART 05

ドライブチェーンの洗浄と注油

走るほど汚れ、抵抗が増してしまうドライブチェーン。洗浄と注油をすることで、本来の性能を発揮することができます。

01 チェーンクリーナーを吹く

チェーンを回しながらクリーナーを吹き付けます。タイヤ等のゴム、塗装面にかからないよう養生しておきます

02 専用のブラシがおすすめ

ひどい汚れはこすり洗いしますが、このような専用のブラシがあると作業しやすくなります

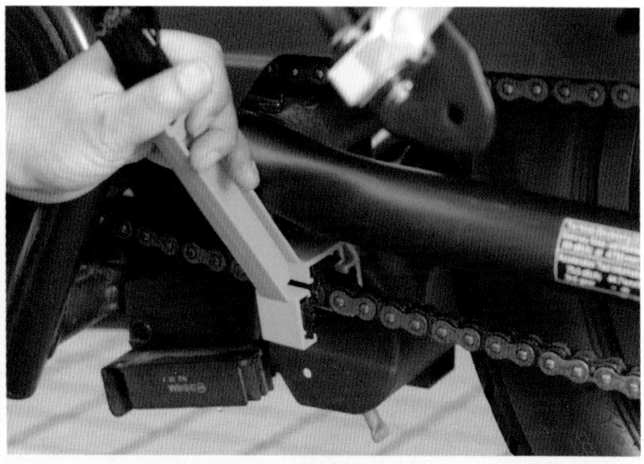

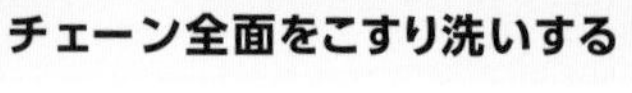

03 チェーン全面をこすり洗いする

見えている面だけでなく、裏面、上下面(ローラー部)すべてをこすり洗いしていきます

04 複数のブラシがあると便利

チェーンブラシでは全面を洗いづらい車種もあるので、一般的な獣毛ブラシもあると便利です

05 スプロケットも洗う

スプロケットも汚れていて、そのままではチェーンをまた汚してしまうので、チェーンと同じように洗っておきます

06 汚れをウエス等で拭き取る

仕上げに落とした汚れをウエス等で拭き取ります。上下面は指の腹でウエス等を押し、凸凹したローラー部からしっかり汚れを拭き取るようにします

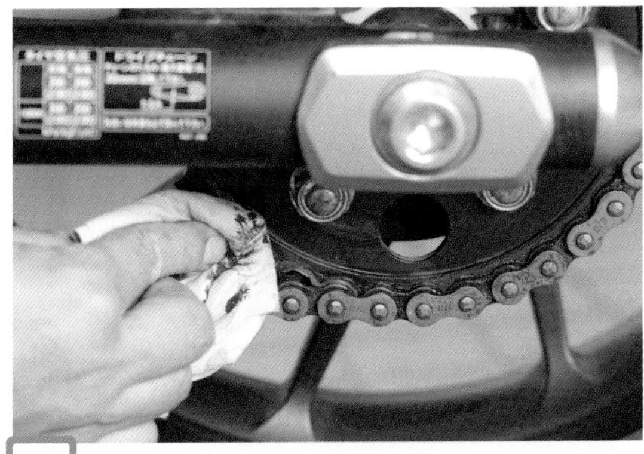

07 スプロケットの汚れも拭き取る

スプロケットの汚れも拭き取ります

チェーンルブは使用前に中身が均一になるよう、缶を上下に振ることで混ぜておきます

08 チェーンルブをよく振って混ぜる

09 チェーンルブを吹き付ける

15〜20cm離しつつチェーンルブを吹きます。ホイールを回しながら（手を挟まないこと）全周スプレーします

10 ローラー部の潤滑が大切

プレート側面だけでなく、プレートの間、ローラー部分にもチェーンルブを吹くことが大切です

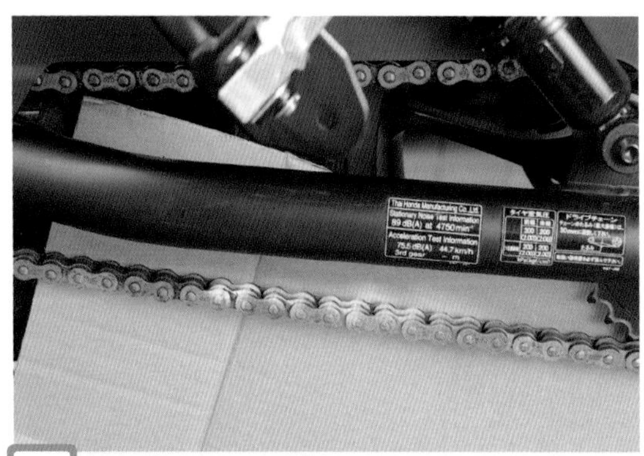

11 潤滑剤が行き渡るまで待つ

吹付け後は浸透するまで5〜10分待ちます。このチューンルブはスプレーした部分が白く変化します

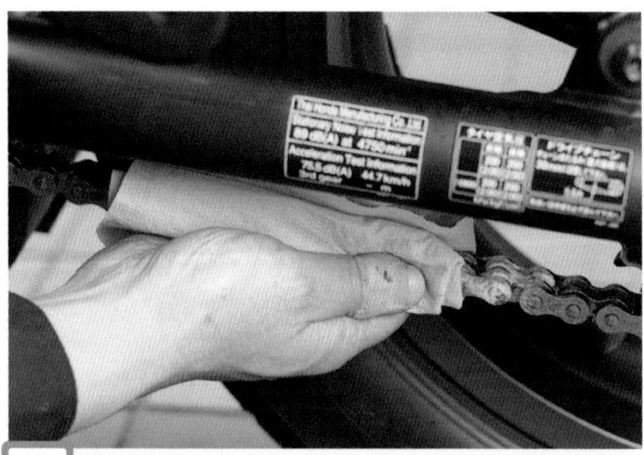

12 余分を拭き取る

使用したチェーンルブは飛び散りにくく作られていますが、多量に吹いてしまった場合、余分を拭き取っておきます

ポイント Point

モトレックスのチェーンルブ

モトレックスのチェーンルブも使用手順は同じですが、スプレー後、浸透するまで30分待つことが推奨されています。このように製品によって使用方法が異なるので、事前に説明書をしっかり読み込んでおきましょう

PART 06

ワックス&コーティング

洗車後の美しさをより長く保つための作業が、ワックスとコーティングです。製品により異なる使用方法の確認をしておきます。

外装

外装部品に対するコーティングをしていきます。事前に洗車をし、汚れをしっかり落としておきましょう。

01 ボトルを振り中身を混ぜる

ボトルを振り、中身が均一になるよう混ぜておきます

02 ウエスにスプレーする

マイクロファイバークロスのような柔らかく傷が付きにくい布に液剤をスプレーします

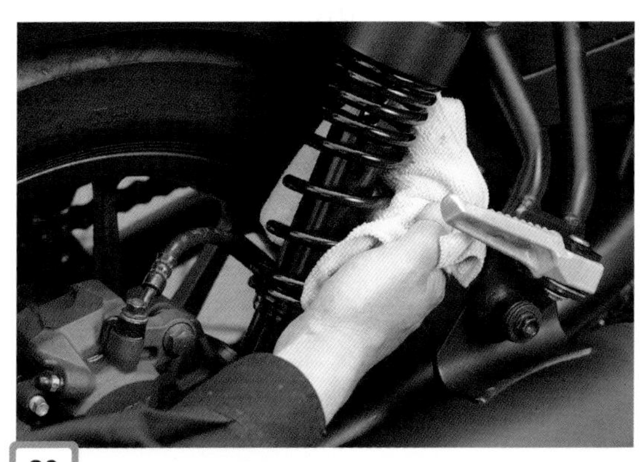

03 コーティングする

コーティングしたい部分に、布に付けた液剤を塗っていきます

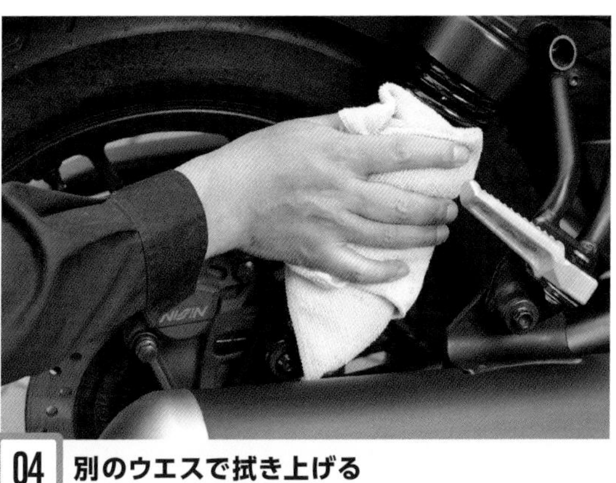

04 別のウエスで拭き上げる

汚れていない別のマイクロファイバークロスを使い、液剤を塗った部分を拭き上げれば完了です

05 メッキ部分にも使用可能

モトレックス・モトシャインは塗装面、メッキ部、プラスチック部に使用できます

コーティング剤は使用できない部分があります。そして一般的に、まず目立たない場所に塗布してみて、問題がないことを確認してから作業することが推奨されています。

タイヤやブレーキは使用不可

マット仕上げ部にも使えません

モトシャインでは、タイヤ、ブレーキ、ハンドルやステップといった滑ると危険な部分への使用が禁止されています。もし付着した場合はしっかり洗浄します。また質感に影響が出てしまうので、レブル250でも使われているマット仕上げの塗装面へ使うこともできません

マフラー

温度が高くなる部分のコーティングは、専用のケミカルを使います。ここではデイトナの耐熱ワックスを使用します。

01 汚れを落としておく

火傷を防ぐため、マフラーやエンジンが冷えた状態で、汚れを落とすため洗います

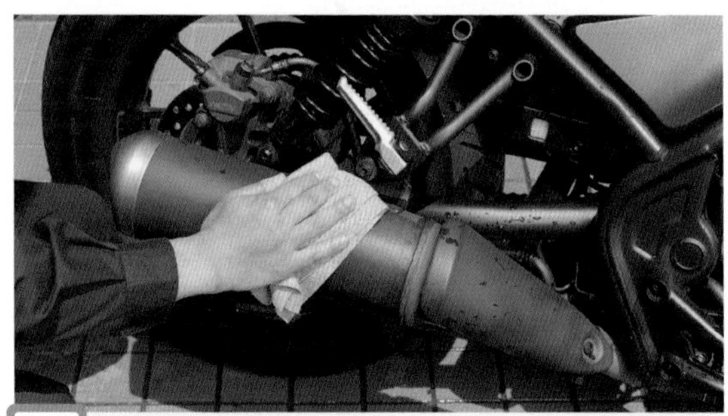

02 水分を拭き取る

マイクロファイバーウエスなどを使い、水分を拭き取り、乾燥した状態にします

03 中身をよく混ぜる

容器を上下に振り、中身をよく混ぜておきます

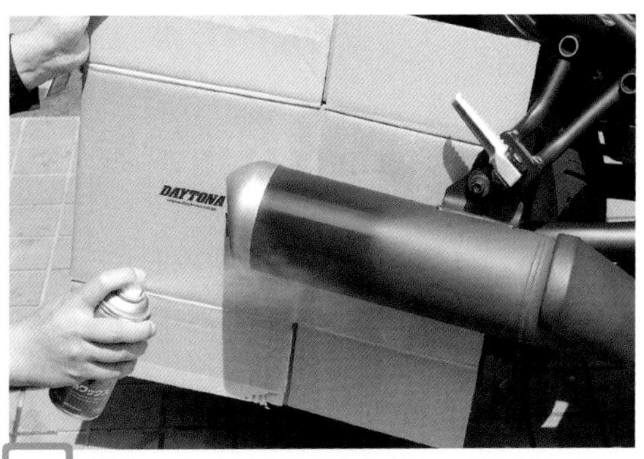

04 耐熱ワックスをスプレーする

15cm離しつつ均一にスプレーします。マフラーに用いる場合、タイヤ等にかからないようカバーしておきます

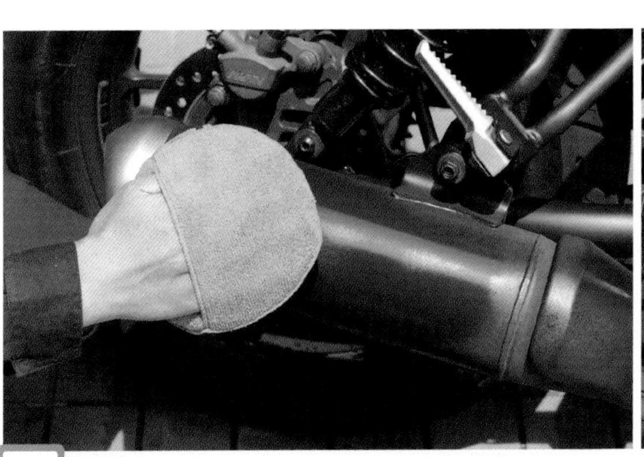

05 拭き上げる

スプレー後、きれいな布で拭き上げます。乗る場合は、10～15分待ち、完全に乾燥してからにします。コーティングすると艶が長持ちし、水洗いだけで簡単に汚れを落とすことができます

06 ブレーキやタイヤに付いたら水洗い

タイヤやブレーキ、操作部に付いてしまったら、すぐに水洗いか濡らしたタオルで拭き、成分を取り除きます

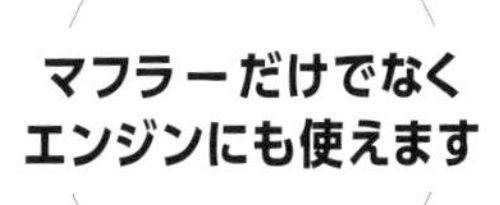

スクリーン・レンズ

ウインドスクリーンや灯火類のレンズといった曇りが気になる透過パーツ用に、小傷や水垢が取れるケミカルがあります。

01 事前に砂ぼこり等を落とす

傷を付ける原因になるので、砂ぼこり等を水洗いして落としておきます

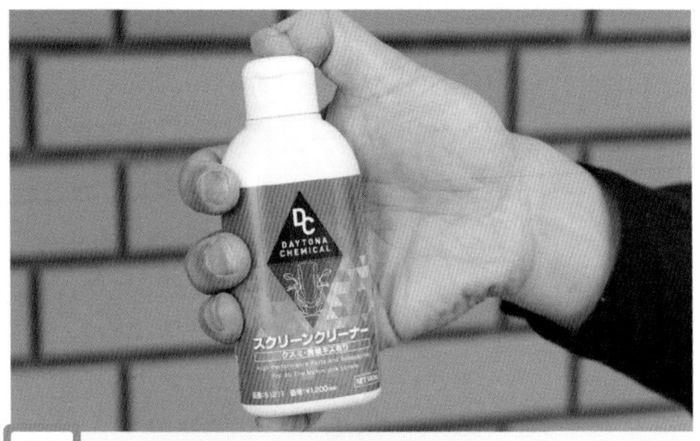

02 しっかり振って中身を混ぜる

使用前に振って中身を混ぜます。漏れる可能性があるので、蓋をしっかり押さえながら振りましょう

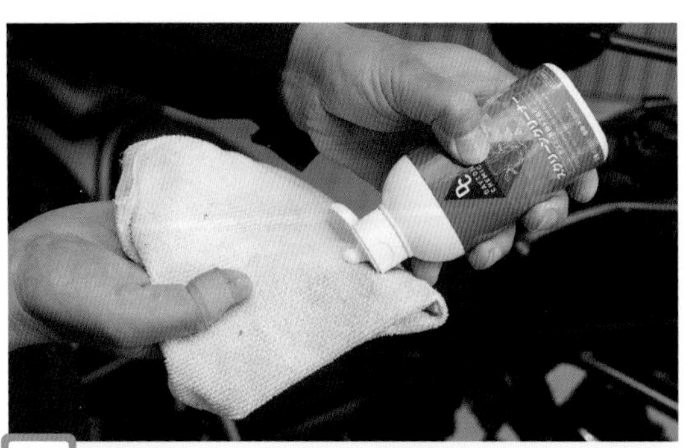

03 スクリーンクリーナーを取る

スポンジや柔らかい布に、スクリーンクリーナーを適量取ります

04 パーツを磨く

水垢や雨シミ、小傷のある部分に対し、円を描くよう、部分的にすり込んでいきます

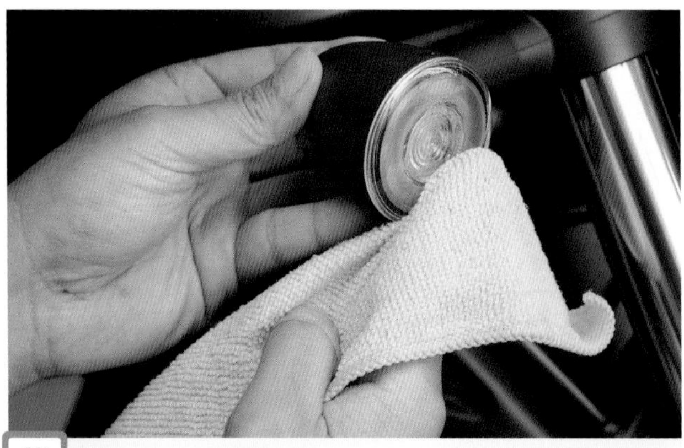

05 クリーナーを拭き取る

クリーナーが乾く前に、柔らかい布で拭き上げます

錆の防止

海が近い地域など、金属類が錆やすい環境のライダーにおすすめしたい、錆防止効果の高いケミカルを紹介します。

長期保管車両の保護用にも最適です

まず車体を洗い、汚れを落とします。そしてスプレー前に缶をよく振り、中身を混ぜておきましょう

01 よく振って中身を混ぜる

02 コーティング部にスプレーする

塗布部にスプレーします。タイヤ、ブレーキ、グリップやステップは使用不可で、付着した場合は充分洗い流します

03 きれいな布で拭き上げる

柔らかくてきれいな布で拭き上げます。これで優れた防錆効果と汚れからの保護効果が得られます

ポイント Point

メッキも錆びてしまいます

ハンドルやマフラーに見られるメッキ仕上げ。錆に強いイメージがありますが、全く錆びないわけではありません。メッキには表面にごく小さな穴があいていて、そこから水分や空気が入り錆が発生します。そんなメッキ部分の錆を防止する専用ケミカルもあるので、気になる人は併用してお手入れするのもおすすめです

PART 07

洗車の注意点

洗車には共通する注意点があります。それを守らないと愛車をいたわるつもりが逆効果にもなるので、覚えておきましょう。

雲ひとつ無い青空だと「これは洗車日和!」と思うかもしれませんが、実は間違い。天気が良いと車体の温度が上がり、洗剤やケミカルが乾いてシミを作る可能性が上がります。また強い日の光は、水洗いで付着した水滴がレンズの働きをすることで強められ、塗装焼けの原因にもなります。これは日が傾いた夕方でも変わらないので、洗車日和は曇りの日と心得ましょう。

1 晴天時は洗車をしない

晴天時に水洗いすると、水滴がレンズになり、特に薄い色の面において焼けの原因になってしまいます

2 マット塗装は使用ケミカルに注意

マット塗装に対応したアイテムもあります

最近流行りのマット仕上げ。ワックス等の中には使用不可とされるものもあります。せっかくのマット仕上げに艶が出て台無しになってしまうからです

ポイント Point

ケミカルの乾燥に注意

洗車やコーティングに使うケミカルには、塗布してから洗い流したり拭き取るまでの手順が指定されています。必要以上に時間をかけケミカルが乾燥してしまうと、シミになったりして塗布面を傷めてしまいます。使用前に必ず使用手順を確認することが大切です

メンテナンスで使う工具やケミカル

メンテナンス作業には工具とケミカルが必須です。入手しやすく機能面でも定評のあるDeenの工具とデイトナのケミカルを中心に紹介するので、作業に応じて必要なものを揃えていきましょう。

協力=ファクトリーギア https://ec.f-gear.co.jp
デイトナ https://www.daytona.co.jp

PART 01

工具

メンテナンスを実施する時に欠かせないのが工具。一般的なメンテナンスに必要な工具と、その使用上の注意点について解説します。

車載工具

オートバイに付属し、車体のどこかに搭載されているのが車載工具です。搭載されている点数は車種により大きく変わりますが、どれも基本は緊急用で精度等あまり優れていないので、普段使いはしないようにしましょう。

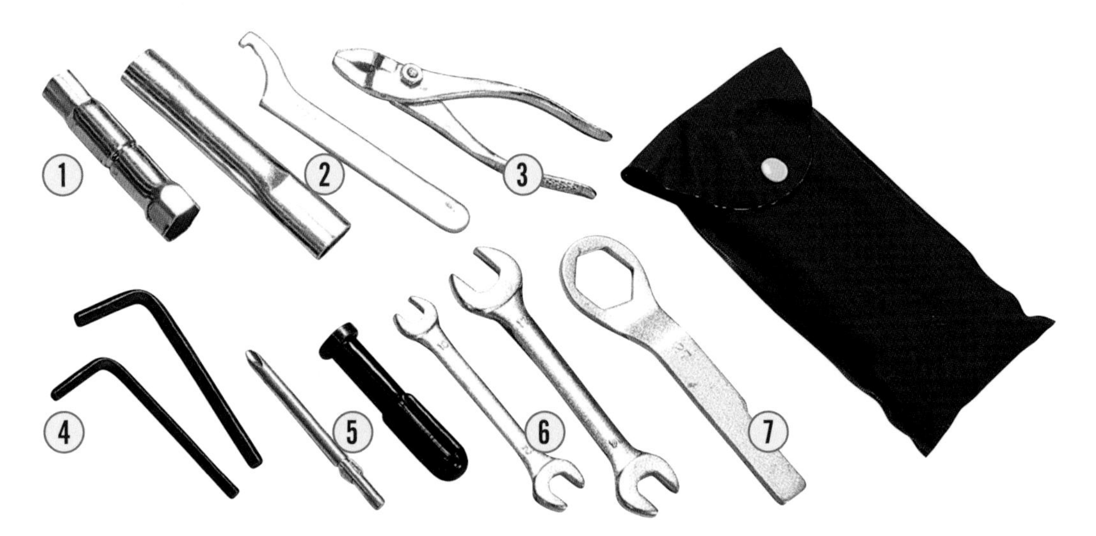

出先での使用を目的とした緊急用の工具

● アドバイス Advice

車載工具のグレードアップ

車載工具はコンパクトさに優れていますが、内容が充実していないモデルもあります。必要に応じて工具を追加したり、使い勝手の良い工具と一式入れ替えてバージョンUPする方法もあります。ただプラグレンチは専用設計された車載工具が最も使いやすいことが少なくありません。

① プラグレンチ

スパークプラグの脱着時に、レンチと組み合わせて使います

② フックレンチ

リアサスペンションのプリロード調整に使います。フックの部分をハンドル（エクステンションバー）に差し込んで使います

③ プライヤー

パーツやボルトの頭を掴むことができる工具です。開口幅が可変式タイプもあります

④ 六角レンチ

頭に六角の穴があるボルトを締めたり緩めたりする時に使います。アーレンキー、ヘキサゴンレンチ、ヘックスレンチとも呼びます

⑤ ドライバー

コンパクトに収納できる、軸とグリップが別体式のドライバーです

⑥ レンチ（オープン）

口が開いているレンチで、六角形の頭のボルトやナットに対して使います

⑦ レンチ（クローズド）

アクスルナットなどを緩めたり締めたりするときに活躍するレンチです。大きな力が必要な時には、②のハンドル（エクステンションバー）と組み合わせて使います

ドライバー

オートバイに限らず、広く使われているドライバー。コンビニで売っていることもあるほど一般的な工具ですが、オートバイのメンテナンスに使うのであれば、1本単位で販売されている、しっかりとした作りの物を用意しましょう。

プラスドライバー

先端が+（プラス）の形をしたドライバーで、プラス溝のあるネジに使います。JIS規格ではNo. 0、1、2、3と4種類のサイズが決められていて、No.3のサイズは、#3、3番と表記されることもあります。オートバイではNo.2サイズを使う比率が多いです。軸がグリップエンドまで貫通している貫通タイプは、固着したネジに押し当てながら、グリップエンドをハンマーで叩いて固着を解くことができます。

マイナスドライバー

先端が−（マイナス）の形をしたドライバーで、マイナス溝のあるネジを回す工具です。JIS規格では、先端の幅や厚み、軸の長さが決められていますが、それぞれの工具製造メーカーによって独自のサイズ表記がされることが多いので、選ぶ際は注意が必要です

ジャストサイズを選ぶ

ネジの溝に対して大きすぎる、もしくは小さすぎるサイズのドライバーを使うと、ネジの溝をナメてしまいます。必ずジャストサイズを選びます

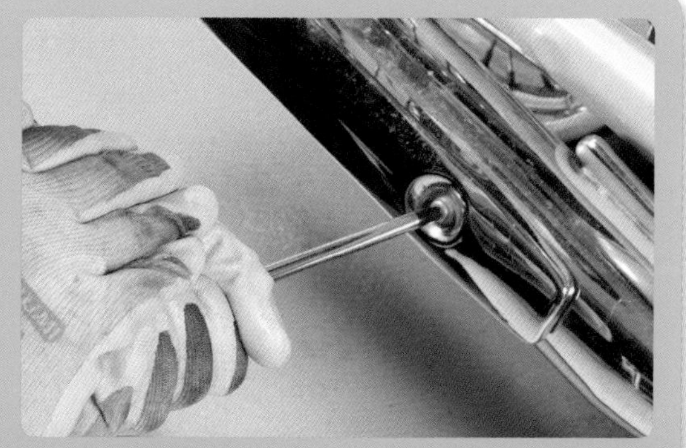

7：3の法則

ネジを緩める時も締める時も、ドライバーの先端がネジの溝から浮かないように、押し付ける力が7割、回す力が3割のイメージで使います

レンチ

頭部が六角柱になっているボルトを回すのに使う工具です。U字型をしたオープンエンド(片口)レンチと輪になったクローズドエンド(めがね)レンチ、その2つを組み合わせたコンビネーションレンチの3タイプがあります。

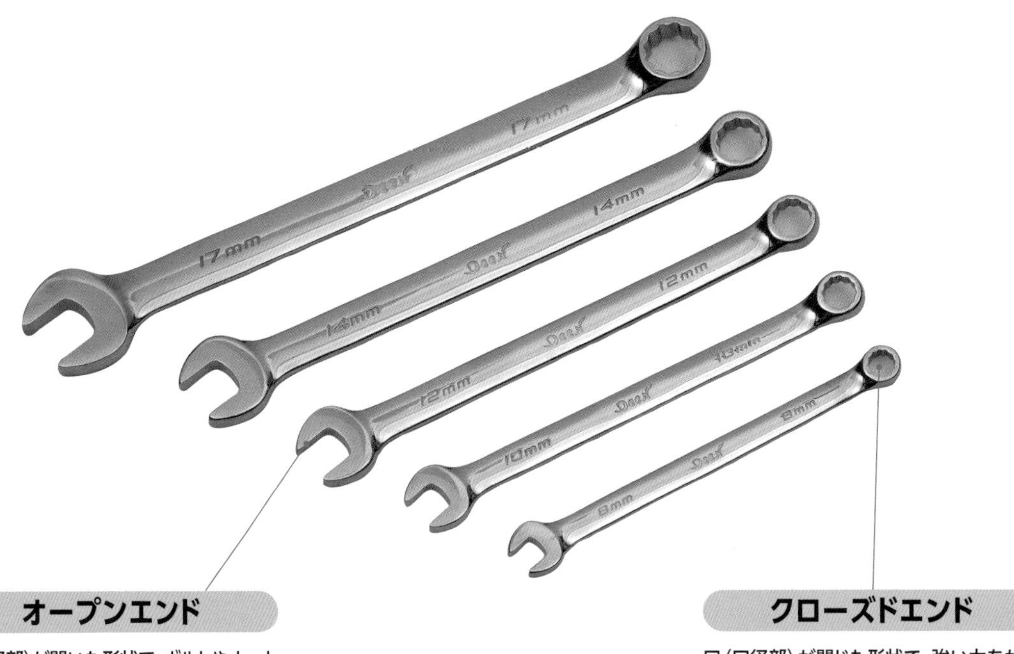

オープンエンド

口(口径部)が開いた形状で、ボルトやナットにかけやすいのがメリットです

クローズドエンド

口(口径部)が閉じた形状で、強い力をかけやすいので、まずこちらを優先して使います

ポイント Point

斜めにかけないようにする

強い力をかけやすいクローズドエンドですが、ボルトに斜めにかけた状態で使うと、一部分にだけ強い力がかかり、ボルトの頭をなめてしまいます。ボルト上面と工具上面が平行になるようセットしましょう

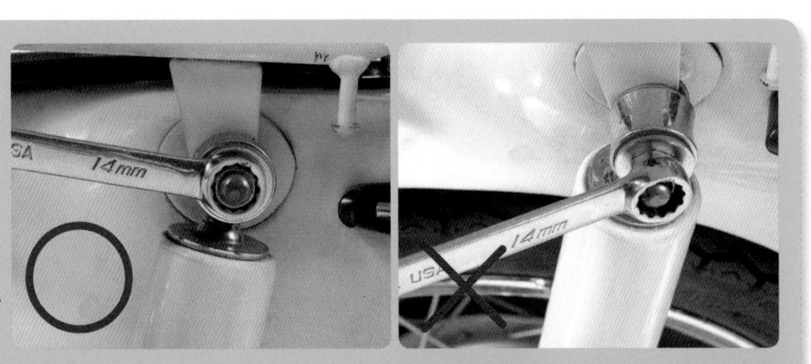

奥まで差し込む

オープンエンドレンチを使う場合は、しっかり奥まで差し込み、ボルトと工具が接している面を最大にした状態にします。差し込みが浅く接触面積が少ないと、ボルトの頭を傷めやすくなるのはもちろん、工具がボルトから外れやすく、怪我の危険性が増します

六角レンチ

六角形の穴があけられたボルトを回すための工具です。近年の車両では使用例が増えていて、社外部品でも広く使われるため、必要性は高まっています。安価な物は折れることもあるので、しっかりした物を選びましょう。

ボールポイント

六角レンチは六角穴に対しまっすぐ差し込む必要がありますが、ボールポイントでは斜めでも差し込めます。大きな力はかけられないので、本締めには使えません

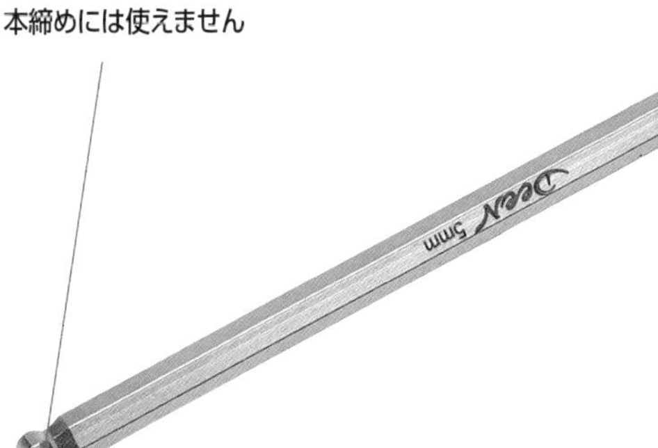

多様なサイズを使うので
セット品の購入がおすすめ

ポイント Point

本締めは短い方を差し込む

六角レンチはL字型をしています。短い方をボルトに差し込むと、より強い力でボルトを回すことができますが、早回しの面では不利に働く傾向にあります

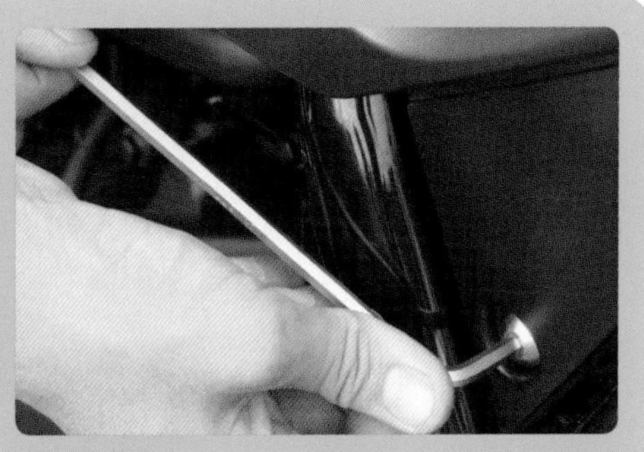

ボールポイントは早回し用

ボルトの穴に対して斜めに工具を差し込めるボールポイントですが、ボルトに対する接触面積が少ないため、強い力をかけるとボルトを傷めてしまいます。軽く回せる状態の時のみ使いましょう

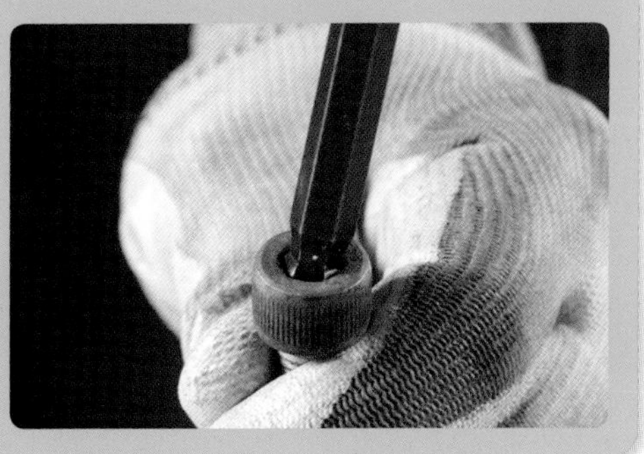

ソケットレンチ

様々な種類があるソケットと、それを回すためのハンドルで構成される工具です。ハンドルは一般にギア内蔵のラチェットハンドルが使われ、強い力をかけながら早回しできます。サイズがあるので購入時は注意しましょう。

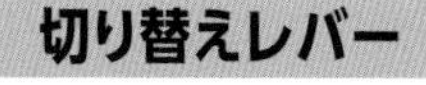

切り替えレバー

左回しと右回しの切り替えレバーです。ネジを回す方向を変える時にレバーを操作します

グリップ

滑りにくいローレット加工のグリップや、汚れが付きにくく、付いても落としすいポリッシュタイプがあります

ヘッド

コンパクトなヘッドほど、狭いスペースで作業しやすく、内部のギアの歯数が多いと、小さな送り角度(振り幅)でネジを回せます。また、プッシュボタンを押してソケットを脱着するタイプもあります

差し込み角

ソケットを差し込む突起(ドライブ)サイズがインチ表示され、主に1/4、3/8、1/2が一般的で、同サイズのソケットを取り付けて使います

ソケットのサイズと種類

ラチェットハンドルなどの差し込み角サイズの1/4、3/8、1/2それぞれに対応したサイズがあります。また、頭のかかりしろが深いディープソケットもあります

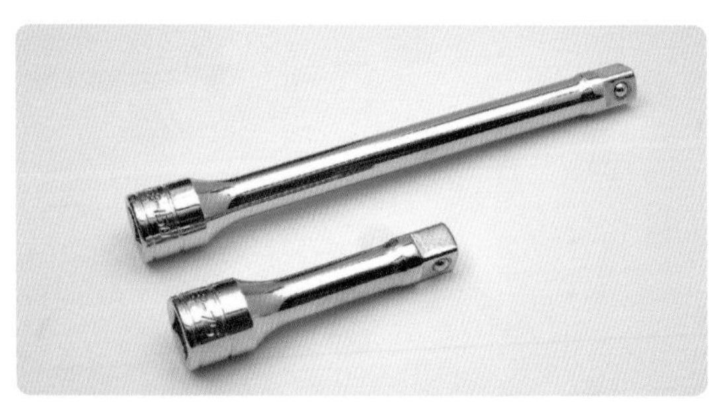

エクステンションバー

奥まった位置にあるボルトを回す時や、ハンドルが干渉して回せない時に役立つのがエクステンションバーです。ハンドルとソケットの間に接続します。長さ違いでいくつかあると便利です

ユニバーサルジョイント

ソケットとハンドルに角度を付けるもので、真っ直ぐな状態ではハンドルが干渉して使えない部分に便利。ただ付けられる角度には制限があり、回しやすさの点では不利になるので、適所に使いましょう

Tバーハンドル

T字型をしたソケットレンチ用ハンドルです。ラチェットハンドルは構造上、ある程度ボルトが緩むと空回りするのに対し、Tバーハンドルは緩んだボルトも早回しできます。一体型の他、写真のようにエクステンションバーとスライドヘッドハンドルを組み合わせることで、Tバーハンドル化することもできます。

スピンナハンドル

直線の棒の先端に角度が変わる差込部を持ったソケットレンチ用ハンドルで、ブレーカーバーとも呼ばれます。柄が長いので強い力でボルトを回せるだけでなく、差込部と柄の角度が変えられるので、斜めにして障害物を避けたり、一直線にして早回ししたりすることもできます。

トルクレンチ

ボルトを回す力=トルクが分かる機能がついたラチェットハンドルで、エンジンに代表される締め付けトルク管理が重要な作業に使います。トルクを測定できる範囲は限られ、一般に1本ですべての部分に対応するものは無いので、使いたい部分の締め付けトルクを調べた上で、それが測定範囲の70%以内に収まる(上限30%に入らない)製品を選ぶと良いとされます。

トルクレンチの種類
測定範囲の最大トルクが大きいトルクレンチは、大きな力で回す可能性があるので長い柄を持ち、差し込み部のサイズも大きな物が使われます

モンキーレンチ

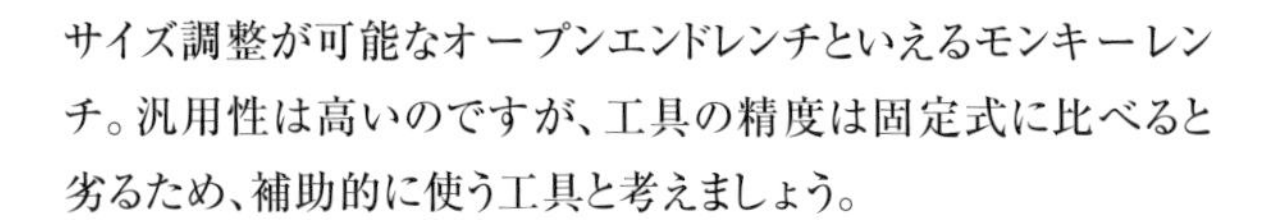

サイズ調整が可能なオープンエンドレンチといえるモンキーレンチ。汎用性は高いのですが、工具の精度は固定式に比べると劣るため、補助的に使う工具と考えましょう。

力をかける方向

ボルトを回す時は、可動式のジョー(アゴ)の方向に力をかけます。逆方向に力をかけるとジョーが開く方向に負担がかかり、ジョーを傷めます

● ポイント Point

ジョーを密着させます

モンキーレンチの固定式のジョー(上アゴ)をボルトやナットの辺に密着させたら、ウォームギアを回して可動式のジョー(下アゴ)をもう1つの辺に密着させます。ジョーとの間に隙間があると、力がより狭い範囲にかかることになり、ボルトやナットを傷める可能性が高くなります

トルクスレンチ

六角星型の穴を持つトルクスねじ用の工具がトルクスレンチです。オートバイでの使用例はそれほど多くありません。

いじり止め用

いじり止めにも使われるトルクスねじは中心部に突起があります。それに対応したレンチは、中心部に穴があけられています

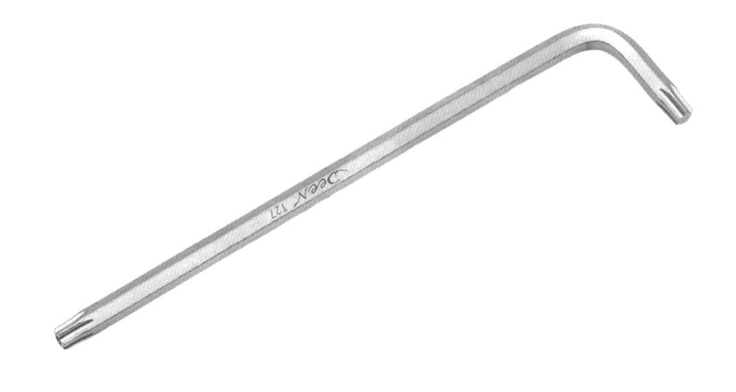

エアゲージ

タイヤの空気圧を測るための工具です。圧力の大きさに合わせてゲージが飛び出すペンシル型や、写真のようなダイヤル型が一般的です。デジタル式や高精度品は高性能ですが、相応に高価。ただ一般的な使用であれば、安価なエアゲージでも充分な精度を持っています。

オイル交換用具

エンジンオイルの交換には、エンジン内のオイルを受けるもの、新たなオイルを入れるためのもの等、複数の用具が必要です。ここで紹介するので準備しておきましょう。

オイルトレイ
エンジンから排出する古いオイルを受けるためのトレイです。使用後はパーツクリーナーで洗浄しておきましょう

オイルジョッキ
注入口からオイルを入れるのに便利なだけでなく、簡易的ですがオイルの量を測ることもできます

オイル処理箱
中に廃油の吸収材が入っていて、染み込ませることでオイルを処理するためのもの

オイルフィルターレンチ
カートリッジ式オイルフィルターを回すためのレンチです。オートバイ用には6種類のサイズがあります

ワイヤーインジェクター

スロットルケーブルやブレーキケーブルといったケーブルの内部に潤滑剤を入れるための専用工具です。ケーブルは太いアウターケーブルと、その中を通るインナーケーブルで構成されています。その隙間は狭いので注油は大変ですが、これをアウターケーブルの端に取り付け、側面にある穴にノズルを差し込み噴射するだけで、簡単に注油をすることができます。

メンテナンススタンド

車体を持ち上げホイールが地面から浮いた状態にできるのがメンテナンススタンドです。ホイールの脱着作業はもちろん、チェーン周りのメンテナンス時にも便利です。

リアスタンド

スイングアームもしくはアクスルシャフト部を支点にして、後輪を浮かせたり、スタンドの付いていない車両を自立させるために使います

フロントスタンド

アンダーステムにある穴にシャフトを挿し、そこを支点にフロント周りを持ち上げるスタンド。リアスタンドと併せて使用します

PART 02

ケミカル

メンテナンスには様々なケミカルが必要です。一度に揃える必要はないので、実施作業に合わせて購入していきましょう。

グリス

回転軸等、部品と部品が擦れ合いながら動く摺動部に使い、スムーズな動きを実現するのがグリスです。すぐ流れてしまう潤滑油では適さない、長期間の潤滑が必要な部分に使いますが、水分や使用過程で流出してしまったり、異物混入や劣化により機能が失われるので、時に入れ替えが必要です。グリスには種類があり、特徴により使用箇所が異なるので使い分けが大切ですが、万能グリスが使われる部分が大半を占めているので、まずこれを用意し、適宜他を追加するようにします。

グリスさん 万能グリス
基油に鉱物系、増ちょう剤にリチウムを使うグリスで、リチウムグリス、マルチパーパスグリスとも呼ばれます。ベアリングを始めとした多くの部分に使えます

グリスさん シリコングリス
シリコンを基油に使ったグリスで、ゴムへの攻撃性がなく耐熱性、対薬剤性にも優れるため、ブレーキ関係によく使われます

グリスさん モリブデングリス
リチウムグリスに添加剤としてモリブデンを加えたグリスです。耐摩耗性、耐久性に優れ、荷重にも強いので、ミッション等の軸受部分に使われます

パーツクリーナー

洗車用シャンプーでは落とせない、オイルやグリス系の汚れ落としに使うのがパーツクリーナーで、メンテナンスの際に1本は用意しておきたいケミカルです。洗浄剤にはゴム不可のものもありますが、パーツクリーナーは一般的にゴムへの攻撃性が低く、ブレーキ周りにも安心して使えます。直接吹き付ける他、ペーパーウエス等に含ませて拭き取るのも効果的です。

パワーブレーキクリーン
車体だけでなくブレーキまわりにも使える脱脂洗浄剤です。噴射力が強く奥まった位置の汚れを吹き飛ばしやすい、ゆっくり乾くので頑固な汚れも落とせるという特長があります

浸透潤滑剤

塗布することで錆を防ぎ、潤滑をして動きを良くするためのケミカルです。ケーブル内の潤滑によく使われますが、軟らかく浸透力があるので、固くて緩まないネジに吹き付けると効果的です。また一般に水置換性があり、部品と水分の間に入り、錆の発生を防げます。プラスチックやゴムには適さないものが多く、それに用いる場合はシリコンスプレーがおすすめです(一部適さない製品もあります)。

モトレックス シリコーンスプレー
シリコーンオイルを使ったケミカルで、ゴムやプラスチックにも使用できます。潤滑だけでなく防水、絶縁、艶出し効果が得られます

ねじ焼付き防止剤

高温になる箇所に用いられるねじやボルトは、熱によって焼き付いてかじったり、錆たり腐食する可能性があります。それを防止するのがねじ焼付き防止剤で、ねじやボルト、ナットを組み付ける前に、ネジ山に塗布します。代表的な使用箇所は、スパークプラグ、シリンダーヘッドボルト、マフラー取り付けボルトが挙げられます。潤滑性も高いので、ボルト締付け時のトルク管理もより正確に行えます。

パーマテックス アンチシーズ
ねじの焼き付きによるかじりや錆、腐食を防止できる、部品脱着が多いカスタム車におすすめの一品。バックプレートに塗ることで、ブレーキ鳴き止め剤としても使えます

接点復活剤

スイッチ等の電気接点部における導通不良を回復するためのケミカルです。スプレーすることで汚れなどを除去し、通電を回復させるためのものですが、ウェットタイプは潤滑剤配合で、スイッチの動きを良くし、接点の摩耗を抑止する効果もあります。導通不良修理のため、分解し接点を直接掃除するのはとても大変で部品も紛失しやすいので、まず接点復活剤で対処する方法をおすすめします。

接点復活剤
接点部分の汚れを除去しつつ錆・腐食を防止。また潤滑効果によって接点摩耗を抑止します。スプレー式で奥まった位置でもワンタッチで施工できます

接点グリス

こちらは接点の導通を復活させるのではなく、導通不良を招く接点の腐食を防ぐためのケミカルです。スイッチや配線の接続部、スパークプラグ接続部、そしてバッテリーの接点が主な使用部位です。接点グリスを塗ることで接点を保護し腐食を防止するだけでなく、酸化やリークも防ぎ通電力をアップできます。接点の劣化は徐々に進行するので、それによる不意のトラブル防止に有効です。

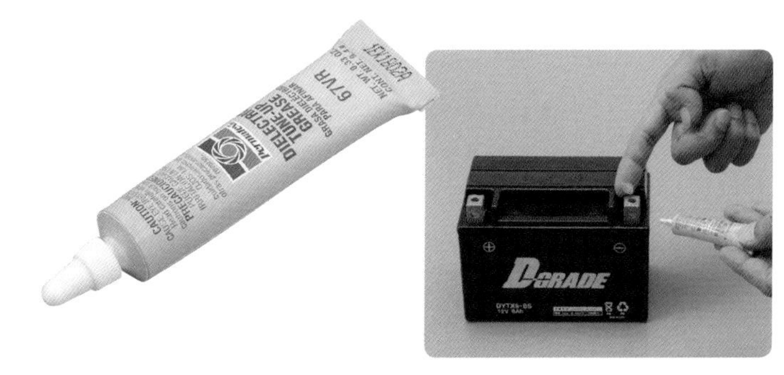

パーマテックス 接点(保護)グリス
接点を塩分、泥、錆による腐食から守るグリスです

ブレーキ鳴き止め剤

ディスクブレーキで発生する、制動時の鳴きを防止するのが鳴き止め剤です。成分は様々で、樹脂皮膜を形成するもの、耐熱性のグリスを用いるものがあり、後者はブレーキグリスやパッドグリスとも呼ばれます。ブレーキパッドの交換時に必ず使用するイメージを持つかもしれませんが、無条件で塗布する必要はありません。しっかりメンテナンスしても鳴く場合には使用してみましょう。

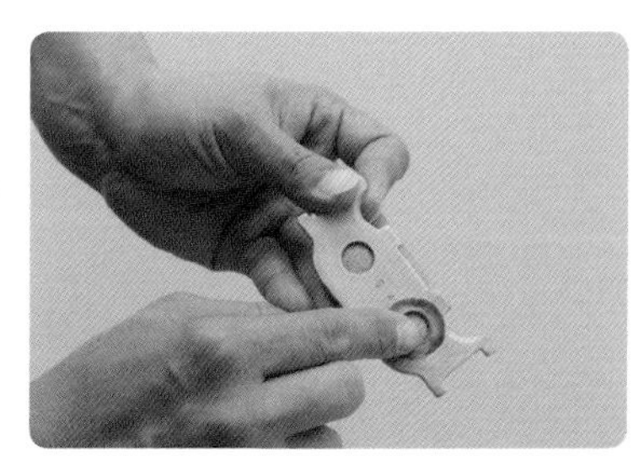

パーマテックスブレーキ鳴き止め剤
パーマテックス社製の製品で、パッドのプレート部に塗布すると薄い耐熱性樹脂皮膜を形成。ブレーキ時の不快な鳴きを止めることができます

ネジロック剤

ボルトやナットは、場所によって適切なトルクで締め付けても緩むことがあります。そんな部分に使うのがネジロック剤です。使用するボルトやナットのネジ山に塗り、締め付けるとロック剤が乾いて接着剤のようになり、緩みを防止します。ネジロック剤には緩み止め効果（接着力）の違いにより、低、中、高の3強度があります。高強度は永久固定用で、取り付け後は外せなくなるほど強い効果があるので、むやみに使ってはいけません。

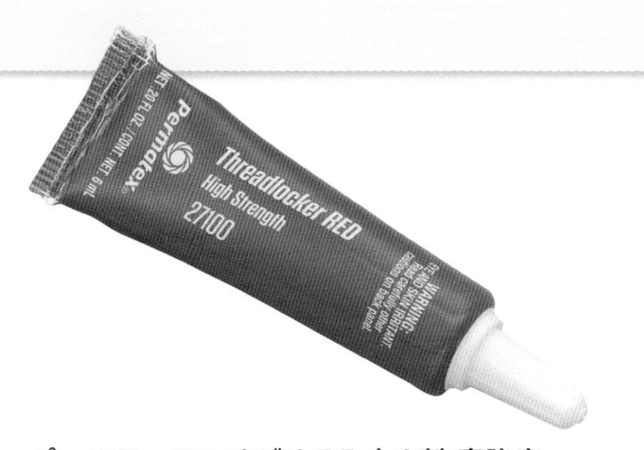

パーマテックス ネジゆるみ止め剤 高強度
最も強くボルトやネジを固定できるのが高強度のゆるみ止め剤です。完全固定後は取り外せない永久固定用で、ねじサイズM10～M25に適合します

ネジロック 中強度
振動によるボルト・ナットの緩みを防止するネジロック剤で、使用範囲の広い中強度。直径4mm以下のボルトには使用不可

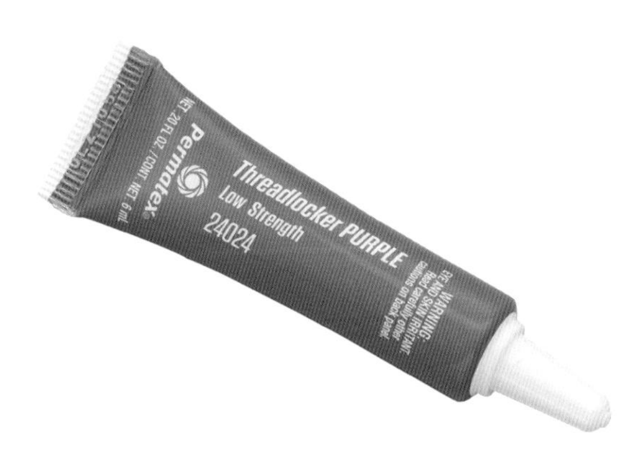

パーマテックス ネジゆるみ止め剤 低強度
カバーボルトや小さな取り付けネジなど、緩める頻度が高いボルトやネジの簡易固定に最適な低強度ゆるみ止め剤です

ハンドクリーナー

オートバイをメンテナンスしていると、手がオイルやグリスで汚れることが珍しくありません。それらの汚れは通常の石鹸やハンドソープでは落ちにくいだけでなく、手のシワや爪の間に入りこんで厄介です。そこであると便利なのが、整備用のハンドクリーナーです。オイルやグリスに強いだけでなく、スクラブが含まれているので手のシワ等の汚れも落としやすいのです。爪先用のブラシもあるとより有効です。

シトラスクリーン
スクラブ配合の手洗い用石鹸で、油汚れをきれいに落とせるだけでなく、保湿成分配合で手肌のキメを整えます

ケミカルの代表的な使用箇所

グリスを始めとしたケミカルの使用箇所を、代表部分を例に紹介します。適材適所に使用することが重要です。

浸透潤滑剤

クラッチやスロットルケーブル内の汚れを洗い流し、潤滑するためにワイヤーインジェクターを使い浸透潤滑剤もしくはワイヤーグリスを注油します

シリコングリス

フロントフォークのダストシール、オイルシールはゴム製なので、悪影響を与えないシリコングリスを使います。フッ素系のグリスを使うこともあります

シリコングリス

ブレーキキャリパーは、摺動部にゴムを使用する代表部分の1つ。そのゴムを攻撃せず潤滑するため、シリコングリス(スプレー式も有効です)を用います

焼付き防止剤

マフラーの取り付けボルトやナットは、高温にさらされてかじり、外れにくくなることがあるので、取り付け時にはネジ山に焼き付き防止剤を塗っておくと安心です

マルチパーパスグリス

ホイールベアリングやアクスルシャフトには、耐水性にも優れるマルチパーパスグリスを使用します。マルチパーパスグリスは他の回転軸の多くにも使います

PART 03

資料

メンテナンスをする時には、手元に揃えておきたい資料がありま す。本書のような解説書と合わせて参照したい資料を紹介します。

サービスマニュアル

サービスマニュアルは、プロメカニックに対して個々の機種の詳しい整備の手順や仕様を解説するために車両メーカーが制作したマニュアルです。特定の車種のメンテナンスに関しては最高の資料であり、あらゆる整備の基準と言えますが、上記したようにあくまでプロ向け。整備全般に関する基礎知識を身につけた人が読む前提なので、全くの整備初心者には難しい部分があります。近年は1部あたり数万円する車種も多く、以前ほど気軽に手に入れづらくなっています。

HONDA
サービスマニュアル
CB400 SUPER FOUR
CB400 SUPER BOL D' OR
CB400/S/A/SA8[EBL-NC42]

サービスマニュアルは新車発表時に作成され、マイナーチェンジがされると改定されます。手に入れる場合は、愛車に適合しているか確認しましょう

パーツカタログ

パーツカタログは、修理用の部品を頼むためのカタログです。こう書くと作業そのものにはあまり関係ないように思えますが、パーツカタログはサスペンションやエンジンと言ったように、部位ごとの部品がイラスト付きで掲載されています。そのイラストは部品の組み合わせが分かるように描かれているので、部品脱着時の参考になるのです。以前は現物を用意しなければいけませんでしたが、ネットで参照できるようにしているメーカーもあります。

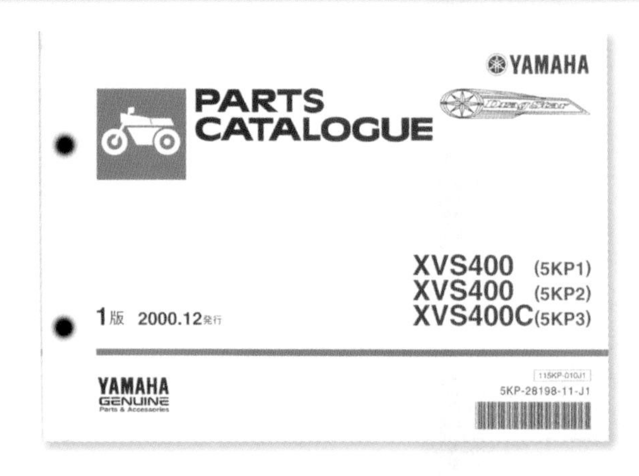

YAMAHA
PARTS
CATALOGUE
XVS400 (5KP1)
XVS400 (5KP2)
XVS400C(5KP3)
1版 2000.12発行
YAMAHA GENUINE
5KP-28198-11-J1

パーツリストは色変更のみの場合でも改訂されるので、サービスマニュアル以上に種類があります。適合は、より慎重に確認する必要があります。

エンジン周りのメンテナンス

エンジンオイルやスパークプラグ、冷却水の交換方法等を紹介します。モデル車両はレブル250ですが、車両により作業内容が変わるので、取扱説明書やサービスマニュアル等も参考にしましょう。

車両・取材協力=ホンダモーターサイクルジャパン
取材協力=ホンダドリーム横浜旭

CAUTION 警告

■この本は、習熟者の知識や作業、技術をもとに、編集時に読者に役立つと判断した内容を記事として再構成し掲載しています。そのため、あらゆる人が作業を成功させることを保証するものではありません。よって、出版する当社、株式会社スタジオ タック クリエイティブ、および取材先各社では作業の結果や安全性を一切保証できません。また作業により、物的損害や傷害の可能性があります。その作業上において発生した物的損害や傷害について、当社では一切の責任を負いかねます。すべての作業におけるリスクは、作業を行なうご本人に負っていただくことになりますので、充分にご注意ください。

PART 01

エンジンオイル

エンジンが設計通りの性能を発揮し、それを維持する上で多くの役割をしているエンジンオイルの基礎知識を学んでいきましょう。

エンジンオイルの役割

エンジンの血液とも言われるのがエンジンオイルです。激しく動くピストン、クランクシャフト、ミッションを潤滑するのを始め、部品接触部の緩衝、エンジン内部の洗浄、冷却の役割を果たしており、それはエンジン性能を発揮し寿命を延ばす上でとても重要です。そんなエンジンオイルは熱、汚れの蓄積、水分によって劣化し、性能が低下します。エンジン設計の高度化で寿命は延びる傾向にありますが、それでも定期的な交換が欠かせません。

エンジンオイルの規格

エンジンオイルは何でも使えるという訳ではなく、性能を充分発揮させるためには、そのエンジンに適した規格のものを選ぶ必要があります。規格にはいくつか種類がありますが、重要なのは粘度(SAE粘度)。大まかに言えば、オイルが実力を発揮できる温度を表し、低温時と高温時、2つの粘度が指定されたマルチグレードが一般的です。この粘度の規格のほか、省燃費性や耐熱性といった性能により区分されるAPI規格などが一般に使われます。

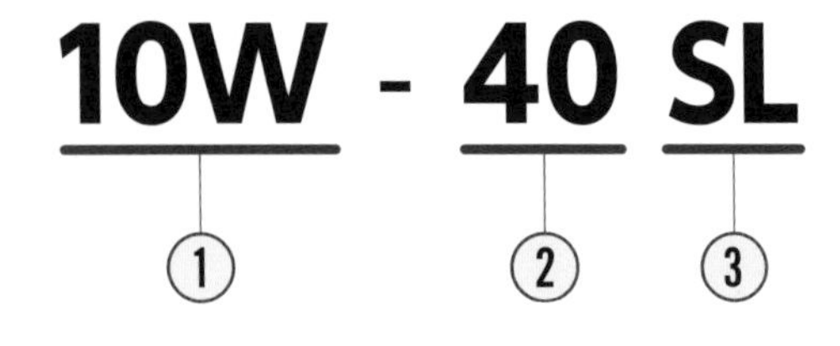

JASO:MA

④

①低温時の粘度

ウインターを意味するWが付加された低温時の粘度表記で、数字が小さいほど低温時でも固くならずに適切な粘度が保たれます

②高温時の粘度

数字が大きくなるほど高温になっても粘度を保ち、油膜が保持されます。ただ数字が高ければ単純に高性能という訳ではありません

③API規格

省燃費性、耐摩耗性などの性能を設定した規格。Sの後ろのアルファベットが後ろになるほど高性能で、現在の最高グレードはSPです

④JASO規格

摩擦特性指数による分類で、摩擦設定の高いMA(MA1とMA2もあります)と低いMB(湿式クラッチのない車両用)があります

エンジンオイルの種類

エンジンオイルは、その原料によっても分類されます。鉱物油、化学合成油、部分合成油の3種がそれにあたります。大まかに言って、鉱物油は原油を材料にし、ほどほどの性能で安価。化学合成油は原油から化学的に合成した合成基油を原料にした高性能オイルですがそれに比例して高価。部分合成油はその2つを混ぜて作られる、中間的な性能と価格のオイルと言えます。予算や愛車のキャラクター、構造を踏まえて選んでいきましょう。

鉱物油
原油を精製して作られる鉱物油は、コストパフォーマンスが高く、添加物により充分な性能を持っています。旧車との相性がよく、オイル漏れの心配も少ないです

部分合成油
鉱物油と化学合成油を混ぜて作られるため、半化学合成油とも呼ばれます。性能と値段のバランスという点では、もっとも優れたエンジンオイルと言えます

化学合成油
合成基油（PAO）などから作ったエンジンオイルで、100%化学合成油と呼ばれます。不純物が無く、高い低温流動性と優れた酸化性能を持つ高性能オイルです

オイルフィルター

エンジンオイルは、エンジン内部を循環するうちに各部の汚れを取り込んでいきます。その汚れをオイルから取り除くのがオイルフィルターです。その働きから想像できるように、使えば使うほど汚れがたまり、濾過性能は低下するので定期交換が必要です。新車時は初回オイル交換と同時、以降はオイル交換2回に1回が一般に推奨される交換サイクルです。オイルフィルターにはエンジンから露出したカートリッジ式、エンジン内部に設置された内蔵式の2タイプがあります。

カートリッジ式

内蔵式

PART 02

エンジンオイルの交換

オートバイを長持ちさせるうえで大切なエンジンオイルの管理。ここでは点検と交換の手順を説明していきます。

エンジンオイルの点検

エンジンオイルの点検窓からエンジンオイルの量と色を確認します。点検窓の縁には、上限と下限を示す印があります。

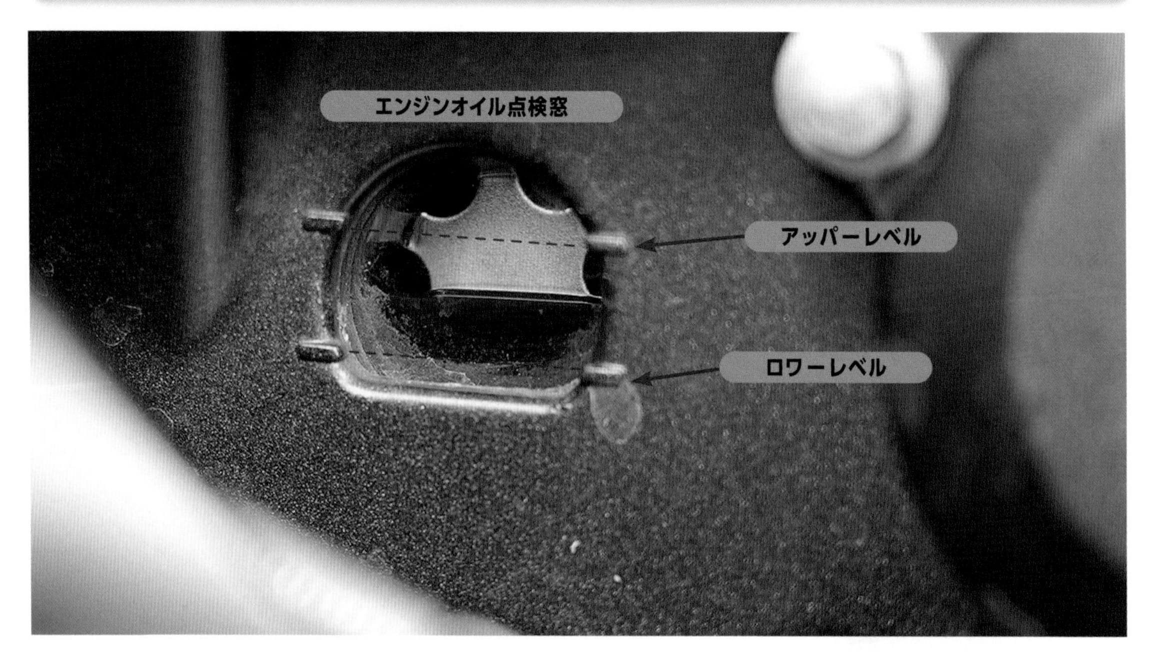

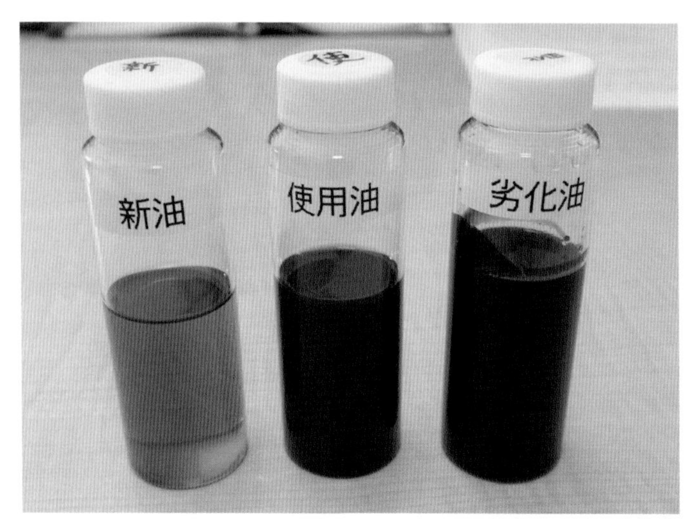

エンジンオイル量

エンジンオイル点検窓でオイル量を確認します。数分間エンジンをかけた後で止めて数分待ち、車体が垂直な状態でエンジンオイルの油面がアッパーレベル（上限）とロワーレベル（下限）の間にあるかを確認します。車両によっては、オイルフィラーキャップに付いているスティック状のゲージをフィラーから差し込み、オイル量を確認する場合もあります。取扱説明書の手順に従いましょう

エンジンオイルの色

一般的なエンジンオイルは、劣化していくと飴色の状態から、茶色、黒色の順に変わっていきます。新しいエンジンオイルに交換した際に、色を覚えておくと汚れ具合が判断できます。中には、赤や緑に着色されたエンジンオイルもあります

エンジンオイルの排出

まず古いオイルを排出します。オイルが温かい状態だと抜けやすいですが、火傷の恐れがあるので充分注意しましょう。

エンジンオイルの注入口

エンジンオイルの注入口(フィラー)には、フィラーキャップがあります。注入口が車体の左側にある車両もあるので、位置を確認しておきましょう

エンジンオイルの排出口

エンジンオイルはエンジンの下部にある排出口(ドレン)から排出します。排出口にあるドレンボルトを緩めるとエンジンオイルが排出されます。車両によっては、エンジンオイルやオイルフィルター交換時にアンダーカウルやサイドカウル、カスタム車ならマフラーを取り外す必要がある場合もあります

01 ドレンの下にオイル受けを置く

ドレンボルトを緩める前に、その下にオイル受けを置きます。オイルが逸れることがあるので、ドレンがオイル受けの中心に位置するように置きます

同位置にある似たボルトと間違えないこと

02 フィラーキャップを外す

オイルが抜けやすくなるよう、フィラーキャップを外します

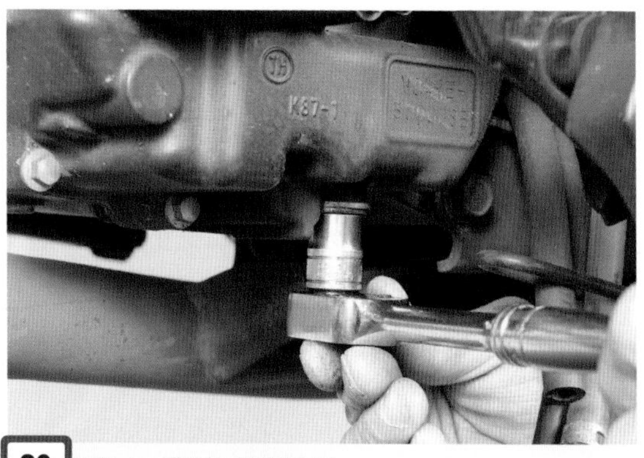

03 ドレンボルトを緩める

レンチ(レブル250の場合12mm)を使い、ドレンボルトを緩めます

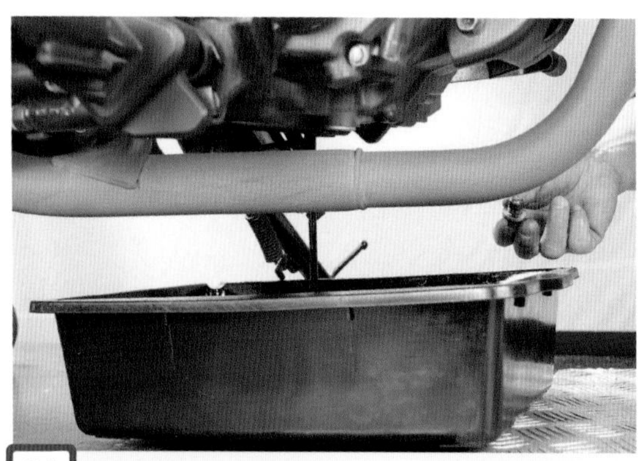

04 ドレンボルトを外す

オイルが熱い場合、手にかかって火傷しないよう気をつけながらドレンボルトを外し、オイルを排出します

05 オイルが抜けきるのを待つ

オイルが抜けきるまで待ちます。一度止まっても、車体を垂直にすると更に出てくることもあります

06 排出されたオイルを確認

排出されたオイルに、キラキラとした金属粉や水の混入による乳化(乳白色の物体)が無いかを確認します

● アドバイス Advice

金属粉や乳化があったら

新車における最初のオイル交換時はともかく、数回目のオイル交換でも金属粉が多く見られる場合、エンジンに重大なトラブルが起きている可能性が高いと言えます。乳化は水分が混じった証で、内部で冷却水が漏れている場合や、冬季にちょい乗りを繰り返した場合に発生しやすくなります

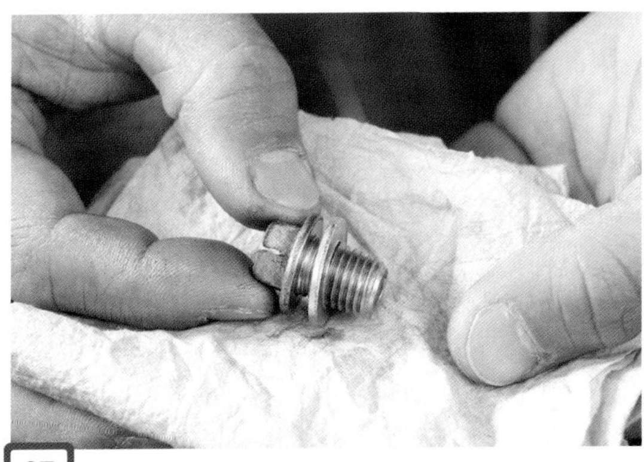

07 ドレンボルトを清掃する

取り外したドレンボルトはオイルで汚れているので、ウエス等を使い清掃しておきます

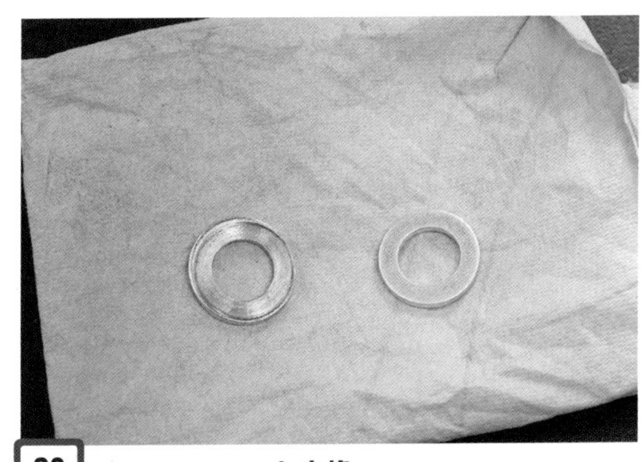

08 ドレンワッシャを交換

アルミ製のドレンワッシャは潰れることでオイル漏れを防いでいます。再使用不可なので新品に交換します

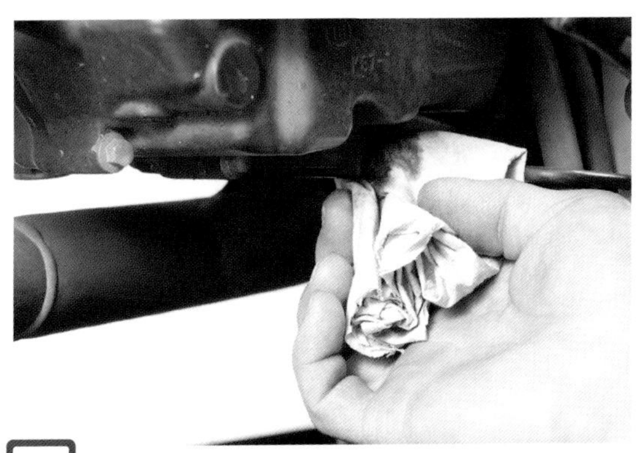

09 ドレン付近を清掃する

ドレン付近もオイルが付着しているので、ウエスやパーツクリーナーで清掃しておきましょう

10 ドレンボルトを取り付ける

新品のドレンワッシャを付けたドレンボルトを、まずは手で取り付けます

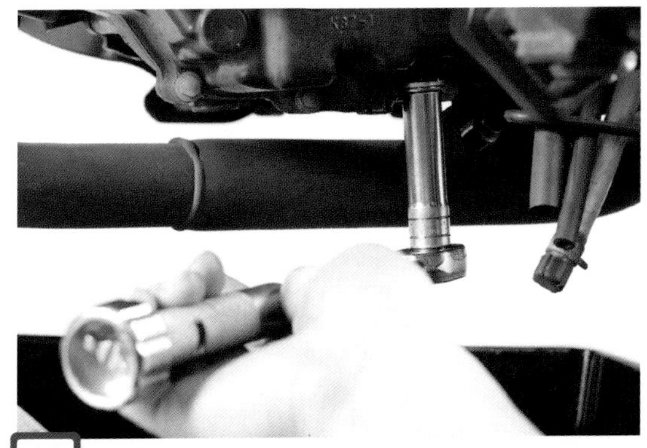

11 ドレンボルトを規定トルクで締める

トルクレンチを使い、規定トルク(レブル250の場合は24N・mのトルク)で締め付けます

ポイント Point

ドレンボルトの締めすぎに注意

ドレンボルトは、緩んでオイルが漏れると大事故につながります。しっかり締めるのは大切ですが、必要以上にきつく締めすぎるとボルトを傷めたり、ドレンワッシャが潰れすぎて外れにくくなるといった弊害があります。トルクレンチを使い、適切な締め付けトルクを把握することは、大きな意義があります

内蔵式オイルフィルターの交換

オイルフィルターは、オイルの排出後に交換します。オイルが入ったままだと、取付部から大量のオイルが出てしまうからです。

オイルフィルター の位置

内蔵式のオイルフィルターは、車種により異なる位置に付いています。レブル250ではエンジン右側面に付いていますが、エンジン下面、オイルパンに付いている車両もあります。場所をよく確認した上で作業を始めます

01 フィルターカバーの固定ボルトを外す

フィルターのカバーはボルト4本で留められているので、下にオイル受けを置いた上で、8mmレンチで外します。カバーを外した時、場合によってはボルトを抜いた段階で、オイルが垂れてきます

02 カバーを取り外す

カバーを外します。張り付いていて外れない場合、プラスチックハンマーなど、柔らかいもので優しく叩いて衝撃を与えると外れます

● ポイント Point

構成部品は事前に確認

内蔵式オイルフィルターは、フィルター本体のほか、ワッシャ、スプリング、Oリング等が併用されますが、その組み合わせは機種により違います。何を使っているか、そのどれを新品にしなければいけないか、事前に調べ用意しておきます

03 カバーの中の部品を確認

カバーの中にある部品を確認します。この車両の場合、カバー中央にスプリングが取り付けられています

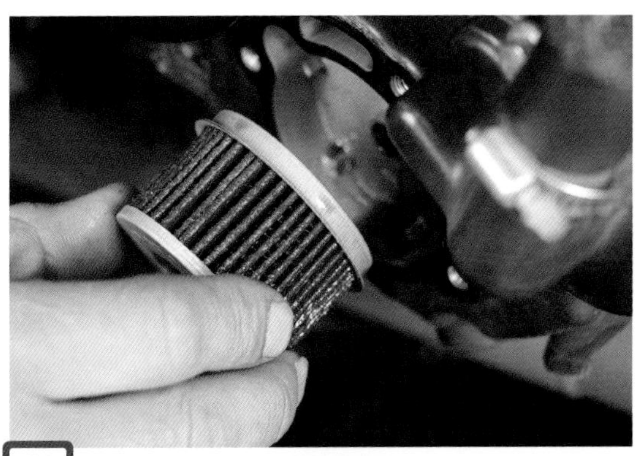

04 オイルフィルターを外す

オイルフィルターを引き抜きます

アドバイス Advice

ガスケットは毎回交換

紙製のガスケットは、破れずきれいな形を保っていると再使用したくなります。しかしこれも潰れることで部品の間を密閉し、オイル漏れを防いでいます。ちょっとした節約や、手間を惜しむことでオイル漏れさせることがないようにしましょう

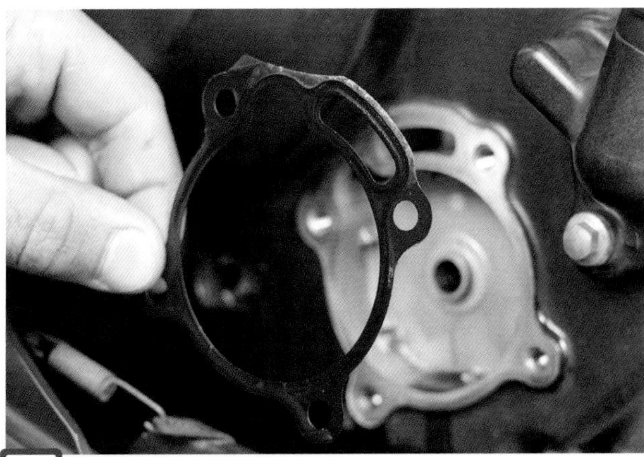

05 ガスケットを取り外す

エンジン本体とカバーの間に取り付けられたガスケットを取り外します

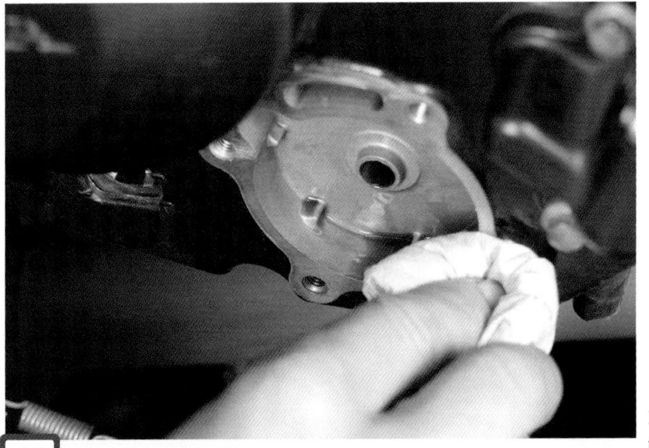

06 ガスケット取付部を清掃する

ガスケット取付部に汚れがあると密閉性能が落ちてしまうので、ウエスを使い清掃します

こまめな清掃で
愛車を綺麗に保とう

07 **カバーにオイルフィルターを取り付ける**

スプリングが脱落するのを避けるため、オイルフィルターはフィルターカバーに取り付けます

08 **カバーにガスケットを取り付ける**

写真の向きでオイルフィルターを取り付け、新品のガスケットをカバーにセットします

09 **カバーにボルトを差してから、エンジンに取り付ける**

ガスケットは位置がずれやすいので一箇所だけボルトを差し、ずれないようにしながらエンジンにあてがい、残りのボルトを差します

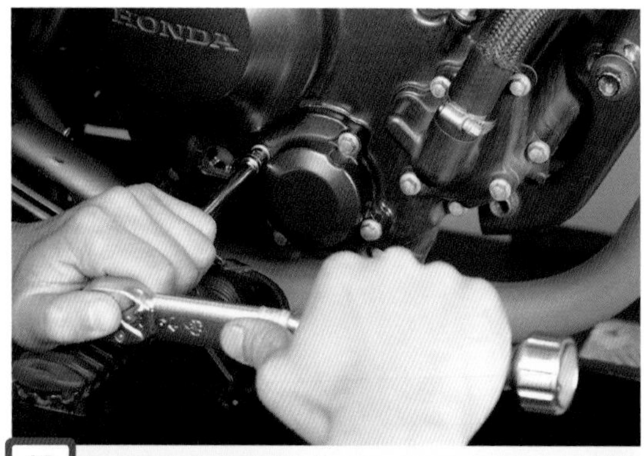

10 **規定トルクで固定ボルトを締める**

4本のボルトを少しずつ均等に締めていき、最終的に12N・mのトルクで本締めします

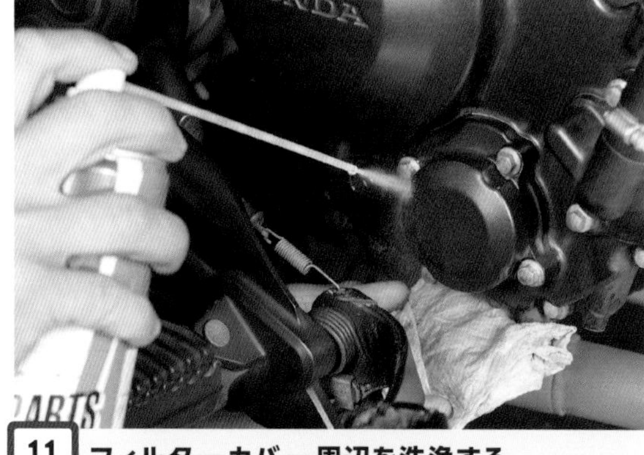

11 **フィルターカバー周辺を洗浄する**

漏れたオイルがあると汚れを呼ぶので、パーツクリーナーで周囲を洗浄すればフィルターの交換は終了です

カートリッジ式オイルフィルターの交換

カートリッジ式の場合、比較的かんたんな手順で交換が可能で、別途ガスケット等を用意する必要がありません。

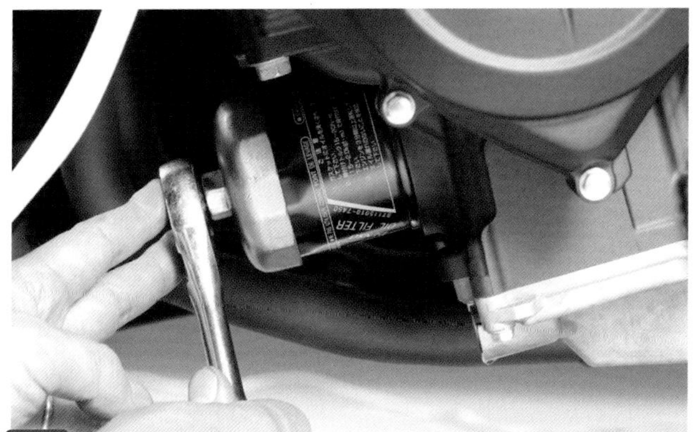

01 フィルターレンチでフィルターを緩める

下にオイル受けを置き、フィルターレンチを使ってオイルフィルターを緩めます

ポイント Point

適正サイズの工具を用意

カートリッジ式オイルフィルターも多数のサイズがあるため、フィルターレンチにはサイズ調整式もあります。ただ柄の付いたタイプは場所を取るためオートバイには不向きです。汎用性は落ちますが、固定式のカップタイプが使いやすいです

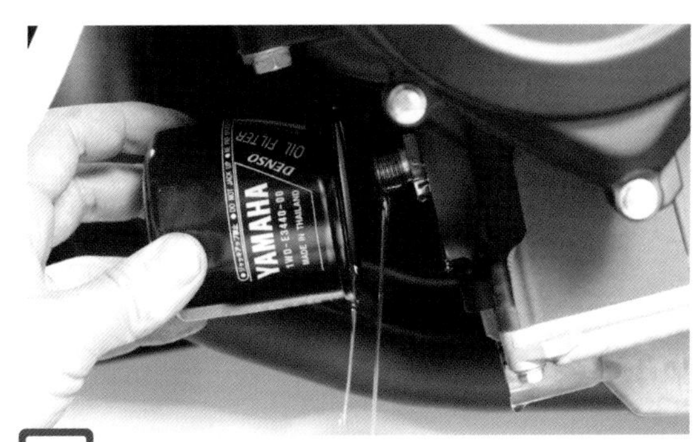

02 フィルターを取り外す

レンチで一緩めしたら、手で回して取り外します

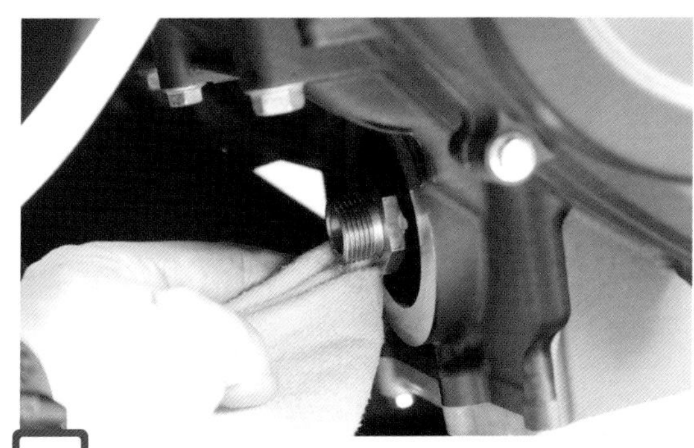

03 フィルター取付部の汚れを落とす

オイルフィルターとエンジンとの合わせ面を、ウエスで掃除します

04 フィルター内部にオイルを入れる

取り付ける新品フィルターの中に、新しいエンジンオイルを100cc程度入れます。こうすることで、オイル通路内に空気が入り込みにくくなります

オイルフィルターは下準備が必要

ポイント Point

Oリングにはオイルを塗る

カートリッジ式オイルフィルターは、オイル漏れを防ぐため、エンジンとの接続部にゴムのOリングがあります。そのまま取り付けると、締め付け時にOリングが引っかかり、傷が付いたり切れたりしてしまうので、取り付け前にオイルを薄く塗って滑りを良くしておきます

最初は手でフィルターを取り付けます

05 手でオイルフィルターをねじ込む

中に入れたオイルが漏れないよう、また斜めにならないよう気をつけながら手でフィルターをねじ込んでいきます

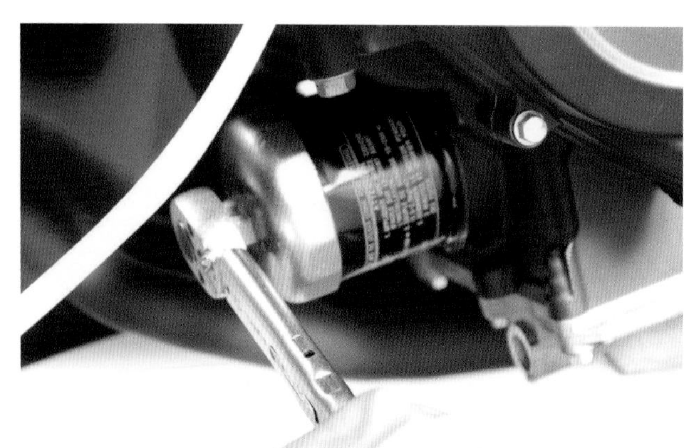

06 規定トルクで本締めする

フィルターがエンジンに密着するまでねじ込んだら、フィルターレンチとトルクレンチを使い、規定トルクで本締めします。

エンジンオイルの注入

ドレンボルト、オイルフィルターをしっかり取り付けたら、新しいオイルを入れていきましょう。

01 最初は少なめにオイルを入れる

まずは規定よりもやや少なめにオイルを入れます。勢いよく入れると注油口から溢れるので、ゆっくり入れていきます

ポイント Point

オイルは適量が大切

エンジンオイルは、量が少ないのは言うまでもないですが、多すぎても抵抗が増すといった悪影響が出ます。入れすぎたものを抜くのは大変なので、一度に規定量入れようとはせず、複数回に分けて入れるようにするのが良いでしょう

02 オイル量を確認

点検の時と同一の手順でオイル量を確認します

03 上限までオイルを追加

必要があれば上限までオイルを追加で入れます

04 フィラーキャップを締める

オイルフィラーキャップをしっかり締め付けます。キャップにあるOリングが傷んでいたら、新品に換えます

オイル量の確認をしておきます

PART 03

スパークプラグ

**エンジン内に送り込まれた混合気に火を点けるスパークプラグ。
消耗品の1つですが、交換頻度は大きく伸びてきています。**

スパークプラグの構造

ターミナル

点火装置(イグニッションコイル)からの電流が流れる端子です。プラグコードの先端に取り付けられたプラグキャップと密着しています。この図は先端にねじ込み式のターミナルナットが取り付けられた状態で、プラグキャップによってはそれを取り外して使用します

ガスケット

プラグを締めると、このガスケットが潰れてシリンダーヘッドと密着します。締めすぎも緩みすぎもトラブルにつながるので、指定トルクもしくは回転角度を守ります。プラグ再利用時はすでにガスケットが潰れているため、適正回転角度がより浅くなります

ネジ部分

各プラグごとにネジの長さ(リーチ)と径があるので、必ず指定プラグを使います。ネジ部分に焼き付き防止剤を付けるのが一般的ですが、摩擦が減る分だけネジが締まりやすくなります。指定トルクで締めると締まりすぎる傾向があるため注意しましょう

● アドバイス Advice

プラグの交換時期

一般的なプラグを使っている車両が多かった時代、おおむね3,000～5,000kmごとの交換が常識と言えました。しかし近年の車両では中心電極にイリジウムを、外側電極にも貴金属を使用した長寿命タイプのプラグの採用が一般化し、車両メーカーによる交換時期の指定は数万km(レブル250では4万km)と、劇的に伸びています。

碍子(がいし)

電気を通さない絶縁体で、電極に電圧を集中させています。プラグの焼け具合は、主に中心電極近くの碍子の色で点検します

中心電極

ここから外側電極に向け放電され、燃焼が起こります。放電で消耗し、外側電極までの隙間、プラグギャップが規定値から広がると上手く着火できません

外側電極

中心電極まで流れてきた電気が空中を飛んで外側電極に着地します。この部分の形状により、着火性能が変わってきます

スパークプラグの交換

スパークプラグの交換手順と難易度は、スパークプラグへのアクセスしやすさによって大きく左右されます。

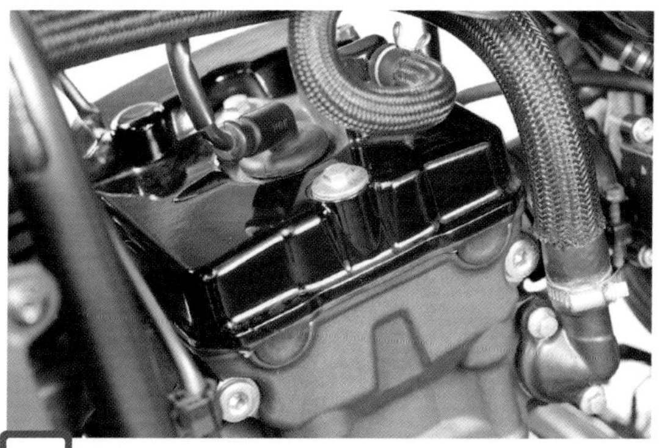

カウルのない単気筒車は作業が簡単です

01 構造を確認

プラグ取付部を確認します。レブル250ではエンジン上面の中央にあります

02 プラグキャップを外す

プラグキャップを引き抜きます。コード部分を持つとプラグキャップから抜けて接触不良(点火不良)を招くので、決してしないこと

03 プラグキャップの形状

純正のプラグキャップは、シリンダーヘッド側の形状に合わせて作られているので、様々な形状があります

ポイント Point

プラグキャップの形状

今の主流である4サイクルエンジンは、スパークプラグがシリンダーの奥まった位置に付いています。そこにゴミやホコリが入り込まないよう、多くのプラグキャップは取り付け部(プラグホール)をふさぐフタ状の部分を持った形状になっています

ポイント Point

プラグホールのゴミ

前述したように、純正のプラグキャップの多くはプラグホールをふさぐ形状をしています。ただシリンダーヘッドの形状によっては、物理的にふさぎきれないこともあります。プラグホールにゴミ等がある状態でプラグを外すと、エンジン内部に落ちてトラブルを招きます。圧縮空気で事前に吹き飛ばしておくと安心です

アドバイス Advice

最適なプラグレンチ

プラグレンチは、プラグとサイズが合っているかはもちろん、車体への干渉がないかも重要ポイント。レブル250ではプラグホールが深く、長さがないとプラグに届きませんが、真上にフレームがあるので、長すぎても干渉して作業ができません

04 プラグレンチを差し込む

適正サイズのプラグレンチをプラグホールから差し込みます

05 プラグを緩める

レンチをしっかり押し込み、プラグと噛み合ったことを確認してからレンチを回し、プラグを緩めます

06 プラグを取り外す

プラグを完全に緩め、ネジ山がシリンダーヘッドから抜けたら、エンジンから取り外します

ポイント Point

プラグの状態

エンジンが適切な状態で燃焼しているかは、中心電極周囲の碍子部の色で判断できます。薄灰色かきつね色が適正、白もしくは黒の場合は不適切で、吸気系のセッティングやエンジンそのものの状態に問題があると判断できます。またプラグギャップが適正かも測定しておきましょう。ただ高価な部品でもないので、脱着の手間を考えれば、その良否に関係なく新品にしてしまうのも有効です

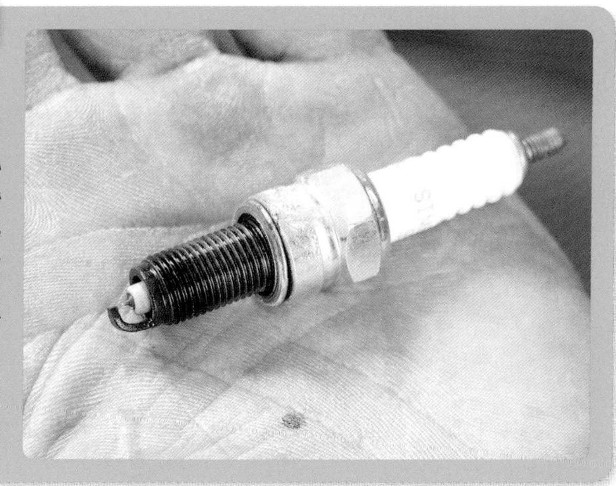

アドバイス Advice

締込み始めは手で

プラグがシリンダーヘッドに対し斜めになっていると、数回回しただけで止まります。ハンドルを付けたプラグレンチだとその状態でも回せてしまい、ネジ山を傷める危険性があります。締め始めは、斜めになっているかが分かりやすい手で回します

07 プラグをプラグホールに入れる

スパークプラグを入れます。プラグホールが深いので、プラグレンチに付けて差します。そしてハンドルは付けず、レンチを手で持って止まるまでプラグをねじ込みます（数回転で止まったら斜めになっているので、緩めて付け直す）

08 プラグを締め込む

ガスケットがシリンダーヘッドに接して止まるまでねじ込んだら、規定のトルクもしくは回転角度で締めます

09 プラグキャップを取り付ける

プラグホールにプラグキャップを取り付けたら、プラグのターミナルと噛み合う手応えを感じるまで押し込みます

PART 04

冷却水

水冷式エンジンで燃焼により生じた熱を冷やす冷却水もまた消耗品で、量の点検、交換といったメンテナンスが必要です。

エンジン冷却の仕組み

エンジンはガソリンを燃焼させ、その力で駆動力を得ています。燃焼により熱が生まれますが、それを冷やさないとエンジンは壊れてしまいます。水冷式エンジンは、内部の通路に冷却水を通すことで冷やしていますが、この冷却水は水ポンプでエンジン内部を循環され、ラジエターにより熱を大気に放出しています。冷却水は冷たすぎると悪影響があるので、ある程度の温度になるまでは、サーモスタットの働きでラジエターに行かないようになっています。

ラジエター
サーモスタット
シリンダーヘッドから
サーモスタットを経由しラジエターへ
水ポンプ
バイパスホース
水ポンプからシリンダーヘッド内へ
シリンダーヘッドからクランクケースへ流れる

冷却水の経路
ウォーターライン

クーラント

冷却水に真水を使うと、低温時に凍結したりエンジン内部を腐食させる恐れがあります。そこで低温時でも凍らない、腐食を起こさないようにする成分を追加したのがクーラントです。クーラントには水に混ぜ薄めて使う希釈タイプと、そのまま使うストレートタイプがあります。凍らない温度は、製品や希釈する濃度で変化します

冷却水の点検

冷却水はウォーターラインとリザーバータンク内を行き来しています。そのリザーバータンク内の冷却水の量を点検します。

リザーバータンクの位置

冷却水のリザーバータンクは目立たない位置にあることがほとんど。レブル250ではスイングアーム付け根の下、矢印の位置になるので、左側斜め下から覗き込まないと、その姿を確認することができません

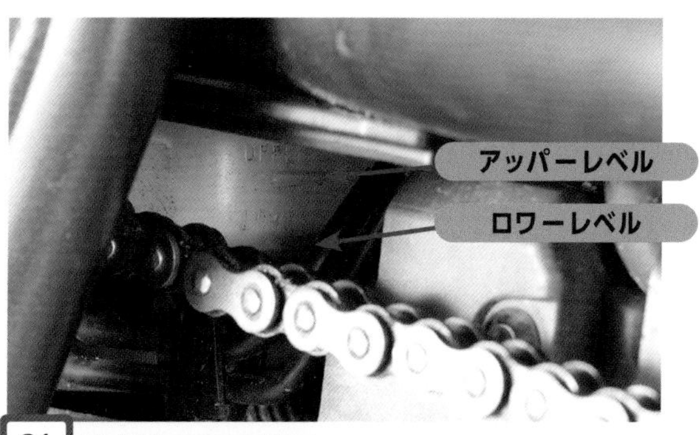

01 冷却水の量を確認

車体をまっすぐ立てた状態で、冷却水がアッパーとロワーの間にあるかを確認します

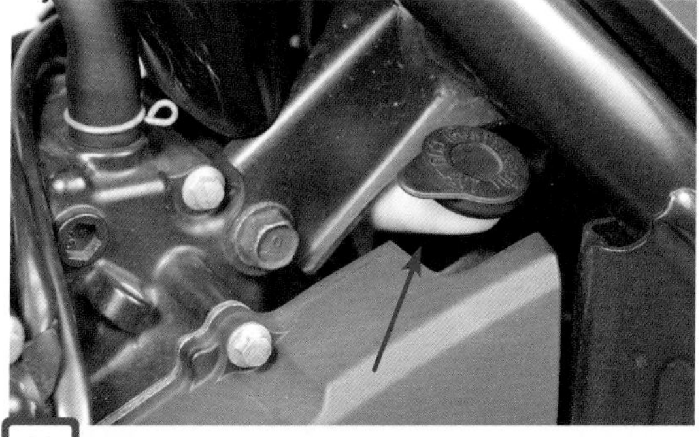

02 リザーバータンクの補充口

リザーバータンクへ冷却水を補充する口を確認します。レブル250ではスイングアーム前方、この位置にあります

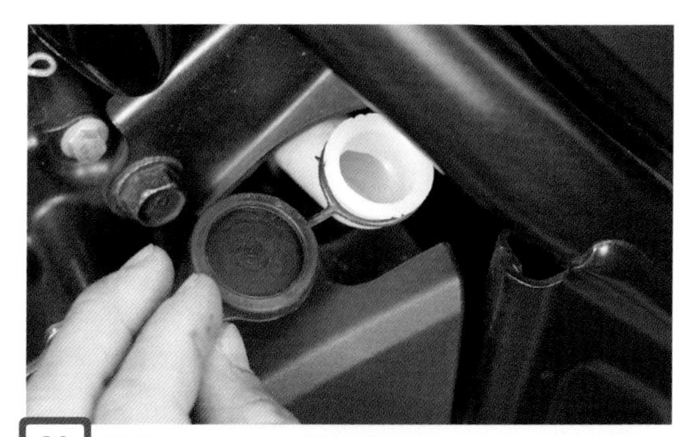

03 補充口のキャップを開ける

ゴム製のキャップがあるので、それを外します

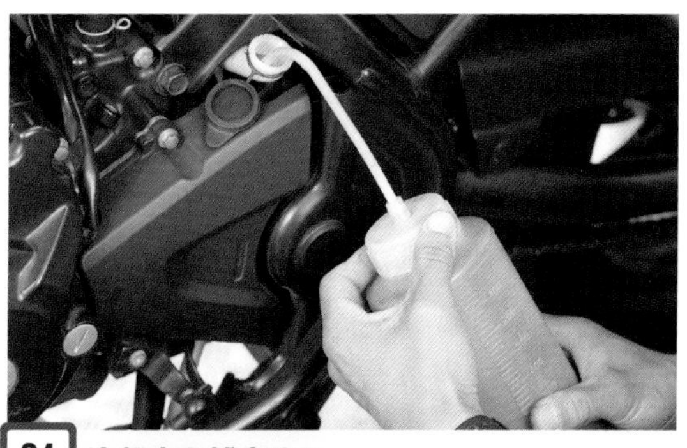

04 冷却水を補充する

必要に応じて冷却水を補充します。著しく減少したりタンクが空の場合、異常が考えられるのでショップに相談します

冷却水の交換

使用を重ねると冷却水は劣化するので定期的な交換が必要です。
必ずエンジンが冷え、冷却水温度が低い状態で作業します。

01 ドレンボルトを外す

冷却水のドレンボルトを外します。多くの場合、水ポンプ近くにあります。外しても圧力の関係で冷却水は出ません

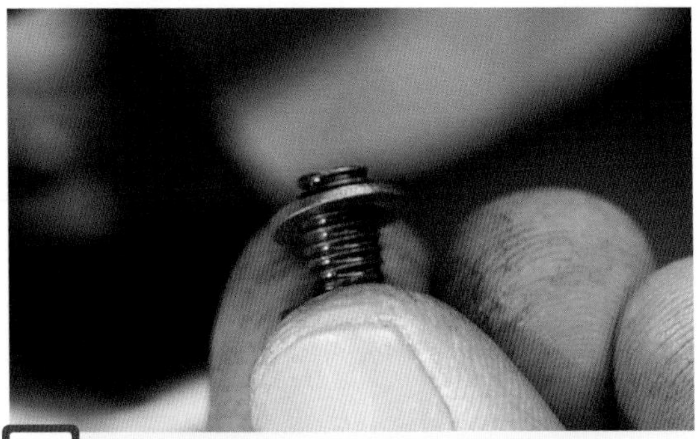

02 ドレンボルトのシールワッシャを交換

ドレンボルトにはシール用のワッシャが取り付けられているので、新品に交換します

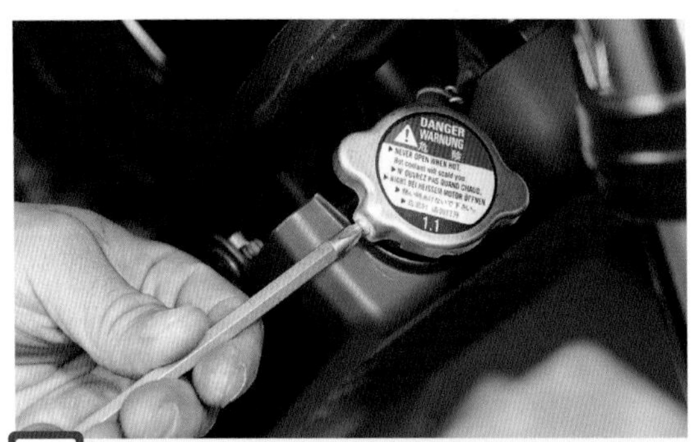

03 ラジエターキャップの固定ねじを外す

ラジエターにあるラジエターキャップに回り止めがある場合は、そのねじ等を外します

04 冷却水の受けを用意しキャップを外す

ドレン部に受けを配置後、ラジエターキャップを外して冷却水を出します。リザーバータンクの冷却水も抜きます

05 ラジエターキャップの状態を確認

冷却水の通路は水の沸点を超えても沸騰しないよう、密閉して高い圧力になるようになっています。その密閉性を保つためのゴムシールの状態を確認し、傷んでいたらキャップを交換します

冷却水は
ゆっくり注ぎ入れます

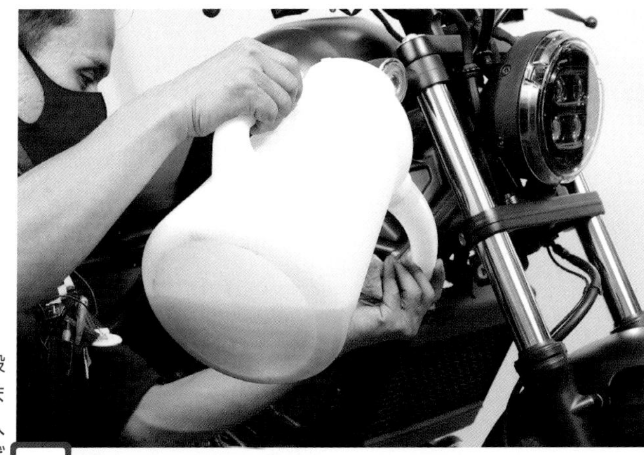

06 新しい冷却水を入れる

ドレンボルトを締めたら、ラジエターの投入口（キャップ取付部）から冷却水を入れます。急いで入れると溢れてしまうので、入り具合を見ながらゆっくりと、投入口のギリギリまで冷却水を入れます

ポイント Point

エア抜き

冷却水の通路は曲がりくねった複雑な形になっていて、空の通路に冷却水を入れただけでは通路の一部に空気=（エア）が滞留し、冷却性能を低下させてしまいます。そこで投入口ギリギリ（写真の状態）まで冷却水を入れたらエンジンを始動します。すると冷却水が循環し、滞留した空気が気泡となって投入口から出てきます。気泡が出ると液面が下がるので、低下した分を補充しながら気泡が出なくなるまでアイドリングさせます

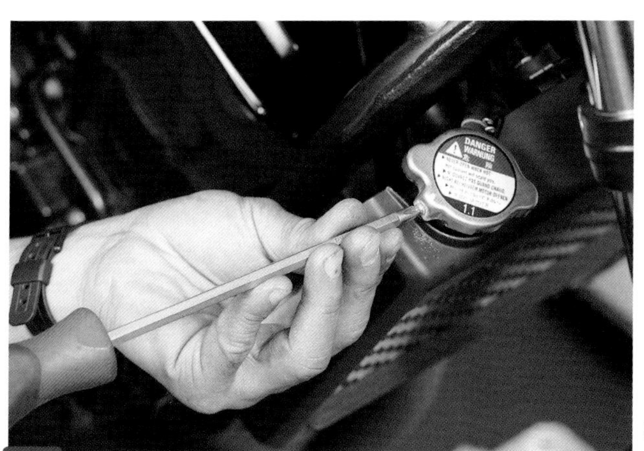

07 ラジエターキャップを取り付ける

冷却水の交換後は
エア抜きを実施します

リザーバータンクにも冷却水を補充したら、ラジエターキャップを取り付け、プラスねじで固定します

PART 05

クラッチの遊び調整

ワイヤー式クラッチにおけるクラッチが切れるレバー位置、遊びの調整方法を解説します。正しい手順を身につけましょう。

**遊び調整は
2ヵ所で行えます**

レバー側のアジャスター

クラッチの遊びは、ワイヤーの張り具合を変えることで調整できます。その調整をするためのアジャスターは2つあり、まずはクラッチレバーにあるアジャスターを操作します。このアジャスターで調整しきれない場合、エンジン側のアジャスターで調整します

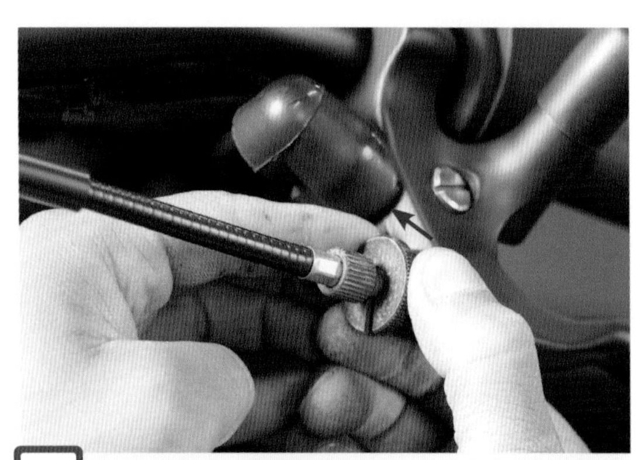

01 ロックナットを緩める

薄くて直径の大きなロックナットを、アジャスター側から見て反時計回りに回してロックを解除します

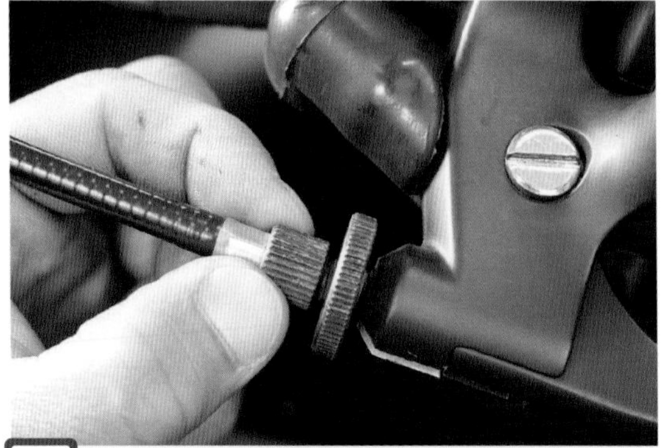

02 アジャスターを回して遊びを調整

遊びを小さくする場合はアジャスターをねじ込み、大きくする場合は緩めて外に出していきます

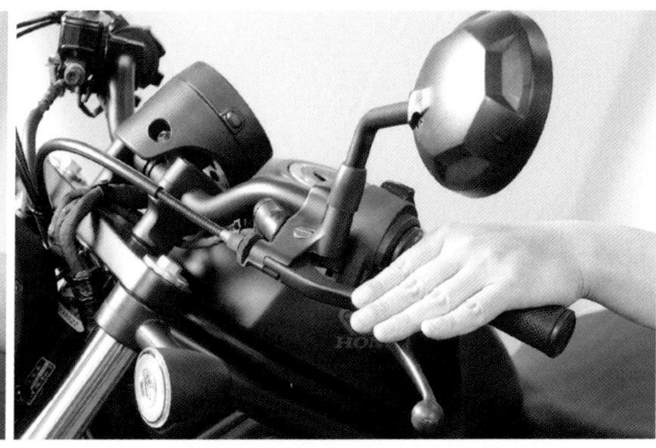

03 レバーを操作して遊びを確認する

調整をしたら実際に乗る前に必ず動作を確認します。エンジンを始動し、ブレーキをかけた状態でクラッチレバーを握りギアを入れます。遊びが大きすぎてクラッチが切りきれていない場合はエンストします

ポイント Point

クラッチの遊び

遊びが少なすぎると、常にクラッチが切れた、または半クラッチ状態になります。これでは正常に走れないだけでなく、クラッチに負担がかかり破損させかねません。遊び調整時は、クラッチが完全につながり、また切れる状態にできるかが大切です

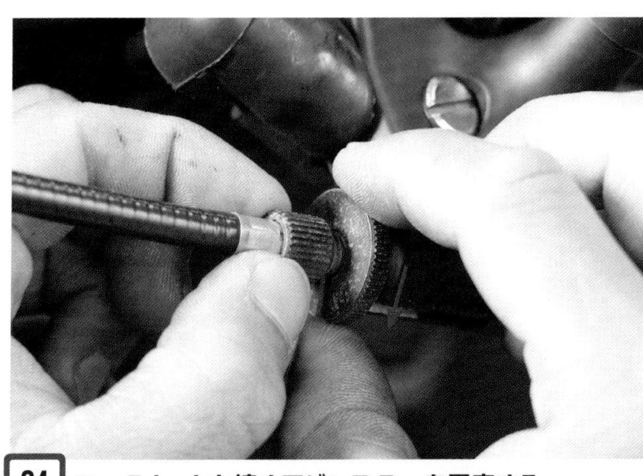

04 ロックナットを締めアジャスターを固定する

遊びが適切になったら、アジャスターが動かないよう押さえながらロックナットを動かなくなるまで締め、アジャスターを固定します

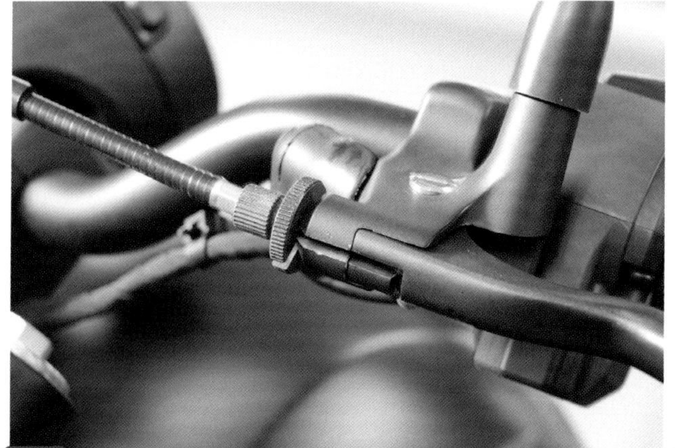

05 改めて遊びを確認

遊びが変わっていないか、改めてレバーを握って確認します

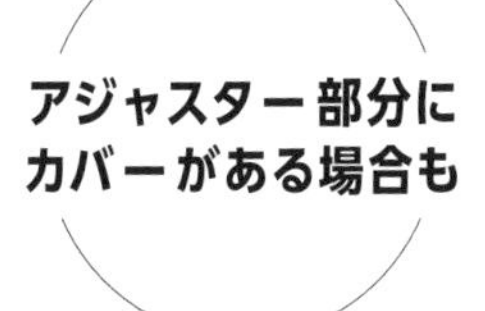

アジャスター部分に
カバーがある場合も

06 ロックナットをレンチで緩める

レバー側アジャスターは調整範囲中央にしておきます

レバー側で調整しきれない場合や、調整範囲のギリギリになった場合は、エンジン側で調整します。クラッチケーブルの端に調整機構があるので、そのエンジン側にあるロックナットをレンチを使って緩めます

07 ロックナットとホルダー の間隔を広げる

緩めたロックナットは、調整の邪魔にならないよう、手でさらに緩めケーブルホルダーとの間隔を広げておきます

08 アジャストナットを操作する

ホルダー逆側のアジャストナットを回して遊びを調整します。締めると小さく、緩めると大きくなります

● ポイント Point

遊び増加は寿命のサイン

クラッチケーブルは丈夫で、交換直後の初期伸びを除き、伸びて遊びが大きくなることは稀です。急激に遊びが大きくなった、調整してもすぐ遊びが大きくなるのは、ケーブルがほつれて切れそうになっている兆候なので、新品に交換します

09 アジャストナットを固定しロックナットを締める

遊びが変化しないようアジャストナットを固定した状態でロックナットを締め込みます。調整後は必ず乗る前に遊びを確認します

PART 06

ブリーザードレン

エンジンからは排気ガス以外に排出されるものがあり、それを溜めているブリーザードレンのメンテナンスが定期的に必要です。

ブローバイガスに関連した装置

定期的な清掃が必要

エンジンは、吸気システムから混合気を吸い込み、燃焼室内で燃焼させます。しかしその混合気や燃やした後のガスの一部は燃焼室から漏れ出します。それを合わせたものをブローバイガスと呼び、エアクリーナーボックスに戻され再び燃焼室に送られます。このブローバイガスにはオイルが混ざっていることもあり、一部は液化してエンジンに戻りません。その液化したものを溜めるのがブリーザードレンで、定期的に堆積物を取り除く必要があります

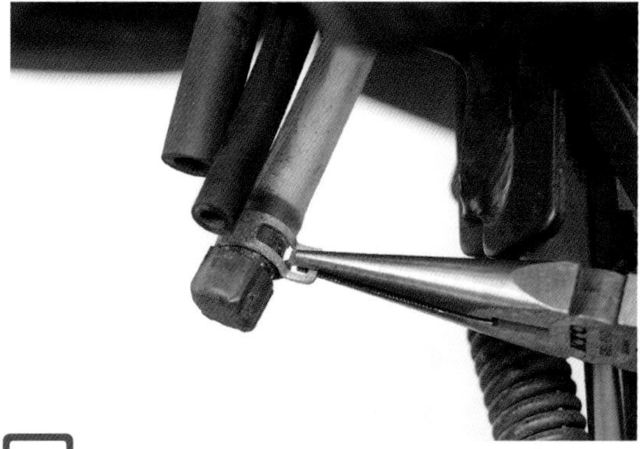

01 プラブを固定するクランプをずらす

ホースの先にあるブリーザードレンプラグを固定するクリップをペンチで挟んで開き、プラグからずらします

02 受けを用意してプラグを外す

ホースの先に受けとなる容器等を用意し、ドレンプラグを外して堆積物を排出します

様々な形があるブリーザードレン

ブリーザードレンには様々な形があります。先に紹介したホース+プラグ形式のほか、ホース+透明なタンク、写真のようなホースとタンクを一体化したものもあります。またその数も1つとは限らないので、愛車がどのタイプなのかチェックしておきましょう

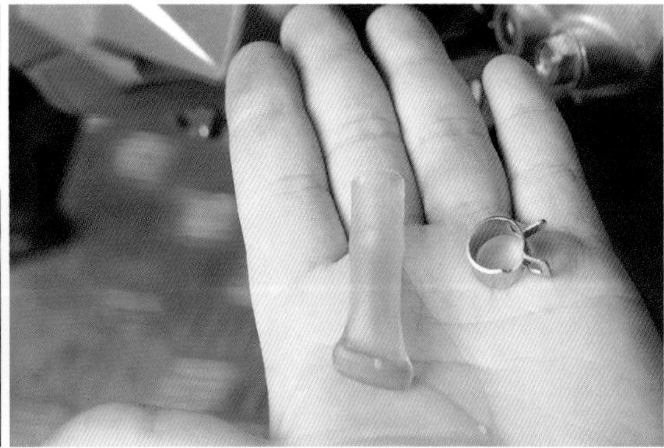

01 クリップを外し、ブリーザードレンを取り外す

ラジオペンチを使いクリップを広げた状態でクリップごとブリーザードレンを抜き取ります。堆積物がこぼれないように外したら、きれいに掃除しておきます

02 ブリーザードレンを取り付ける

ブリーザードレンをエアクリーナーの取付部にしっかり差し込みます。そしてクリップを取付部にある突起の先まで入れ、ブリーザードレンを固定します

ポイント Point

黒いキャップは取り外し不要

ブリーザードレン脇に、写真左のように先が斜めになった黒いキャップがあることもあります。ブリーザードレンに見えますが、通気できるよう穴があいていて何かを溜めるものではないので、取り外してのメンテナンスは不要です

足周りのメンテナンス

ドライブチェーン、ブレーキ、そしてタイヤという足周りの点検とメンテナンス手順を紹介します。安全と走行性能に直結する部分だけに、正しい手順で実施すると共に、不安を感じたらプロに頼る事も重要です。

車両・取材協力=ホンダモーターサイクルジャパン
車両協力=レンタル819 https://www.rental819.com　取材協力=ホンダドリーム横浜旭 / スピードハウス

CAUTION 警告

■この本は、習熟者の知識や作業、技術をもとに、編集時に読者に役立つと判断した内容を記事として再構成し掲載しています。そのため、あらゆる人が作業を成功させることを保証するものではありません。よって、出版する当社、株式会社スタジオ タック クリエイティブ、および取材先各社では作業の結果や安全性を一切保証できません。また作業により、物的損害や傷害の可能性があります。その作業上において発生した物的損害や傷害について、当社では一切の責任を負いかねます。すべての作業におけるリスクは、作業を行なうご本人に負っていただくことになりますので、充分にご注意ください。

PART 01

ドライブチェーン

ドライブチェーンはエンジンの駆動力を伝達するだけでなく、ミッションの変速精度や足周りにも影響する重要部品です。

ドライブチェーンの構造

ドライブチェーンは、スプロケットと噛み合うローラー、ローラーを支持する内プレート、内プレート同士をつなぐ外プレート、それらを接続しているピンで構成されます。全体が摺動部といえ、抵抗を減らし寿命を延ばすためチューンルブでの潤滑は不可欠ですが、より寿命を延ばすため内部にグリスを封入したシールチェーンが広く使われています。ドライブチェーンは摩耗により全長が伸びるので、たるみの調整が必要になります。

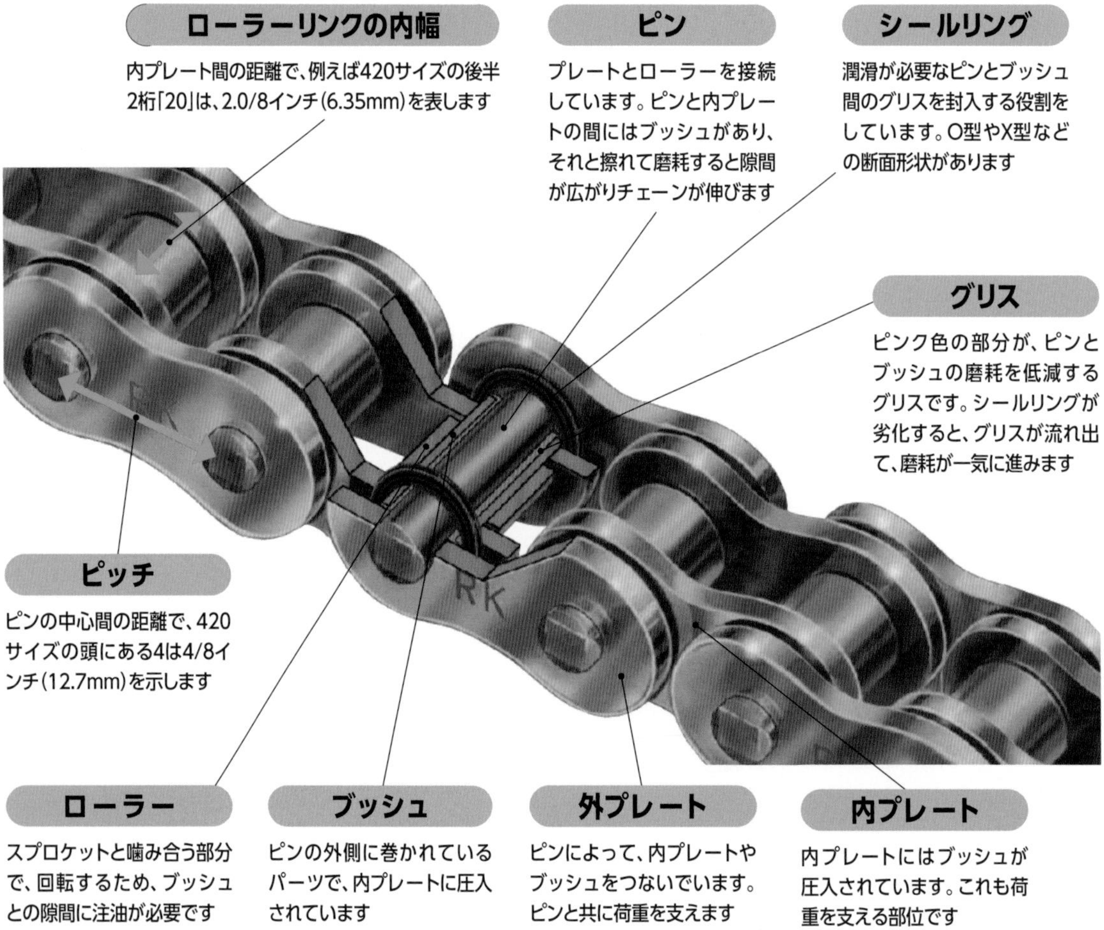

ローラーリンクの内幅
内プレート間の距離で、例えば420サイズの後半2桁「20」は、2.0/8インチ(6.35mm)を表します
ピン
プレートとローラーを接続しています。ピンと内プレートの間にはブッシュがあり、それと擦れて磨耗すると隙間が広がりチェーンが伸びます
シールリング
潤滑が必要なピンとブッシュ間のグリスを封入する役割をしています。O型やX型などの断面形状があります
グリス
ピンク色の部分が、ピンとブッシュの磨耗を低減するグリスです。シールリングが劣化すると、グリスが流れ出て、磨耗が一気に進みます
RK
RK
ピッチ
ピンの中心間の距離で、420サイズの頭にある4は4/8インチ(12.7mm)を示します
ローラー
スプロケットと噛み合う部分で、回転するため、ブッシュとの隙間に注油が必要です
ブッシュ
ピンの外側に巻かれているパーツで、内プレートに圧入されています
外プレート
ピンによって、内プレートやブッシュをつないでいます。ピンと共に荷重を支えます
内プレート
内プレートにはブッシュが圧入されています。これも荷重を支える部位です

チェーンの選び方
サービスマニュアルなどにある、420といったサイズとリンク数（長さのことで内外プレートの総数を指し、ピンの総数も同数になります）の指定を確認します。チェーンにはサイズの他、美観を左右するプレートの処理、耐摩耗性や強度に影響する構造の違いによるグレードがあります

スプロケットの基礎知識

ドライブチェーンとのコンビでエンジンの駆動力をホイールに伝えるスプロケット。2枚セットで使われ、エンジン側をドライブスプロケット、ホイール側をドリブンスプロケットと呼びます。鉄またはアルミで作られていますが、チェーン同様、使うほどに摩耗します。スプロケットの歯の数（丁数）を変更することで2次変速比が変化し、エンジン性能はそのままに加速が力強くなったり（加速型）、同じ速度でも回転数を下がる（高速型）効果が得られます。

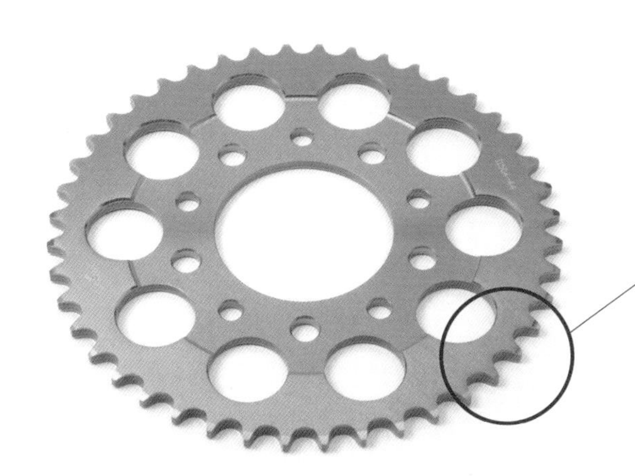

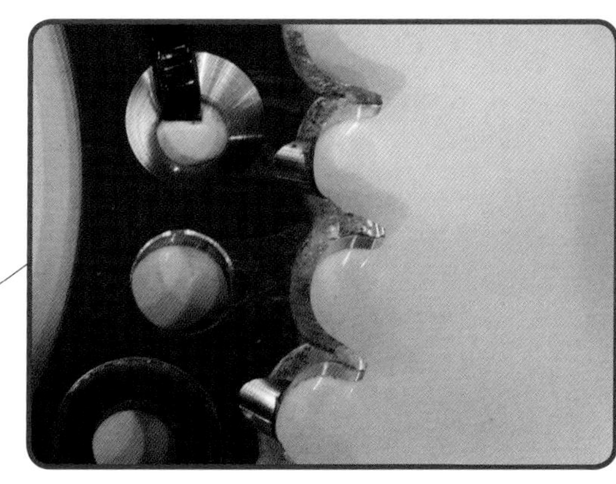

スプロケットの磨耗
スプロケットはドライブチェーンのローラーや内プレートと接する部分が削れます。ドライブチェーンの状態が悪くなり抵抗が増すと、摩耗の進行は早くなります。それぞれの寿命はお互いの状態に左右されるので、チェーンとスプロケットは同時に交換するのがセオリーです

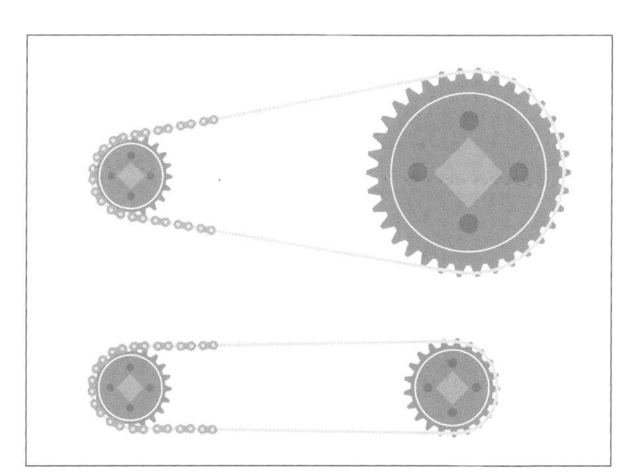

ギア比（減速比）の調整
リアのドリブンスプロケットの歯の数（丁数）を増やすと加速型、減らすと高速型に調整できます。逆に、フロントのドライブスプロケットの丁数を増やすと高速型、減らすと加速型になります。一般的に、前を1丁増減させた効果は、後ろを3丁増減させた場合と同じとされます。丁数を変えると、ドライブチェーンのリンク数を変える必要が出る場合もあります。またチェーンライン（チェーンが通る位置）が変わるため、エンジンやチェーンガードなどに接触しないかの確認も必要です

PART 02

ドライブチェーンの調整

ドライブチェーンが伸びるとシフトチェンジがしづらくなり、最悪スプロケットから外れて事故につながります。

点検と調整

ドライブチェーンは徐々に伸び体感しづらいので、定期的にたるみを点検し、規定値から外れていたら調整します。

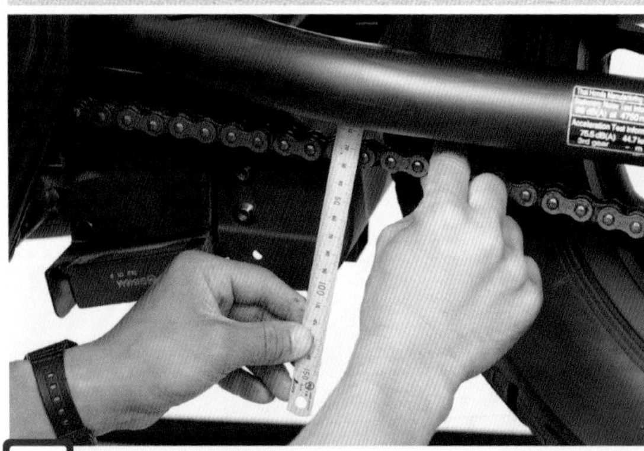

01 たるみを点検する

たるみは前後スプロケットの中間点で測ります。定規を使い、手で動かした時の上端と下端の幅を測定します。一部分だけ伸びることがあるので、測定はチェーンの複数箇所でします

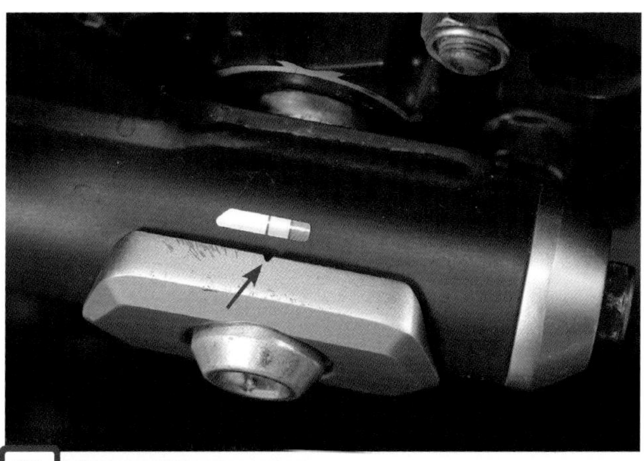

02 現在の調整位置を確認

使用限界に達していたらチェーンを交換します

たるみが規定値から外れていたら調整します。まず調整の限界（使用限界）に達していないか確認します。写真の場合、矢印部の切り欠きがシールの赤い位置に達していたら寿命です

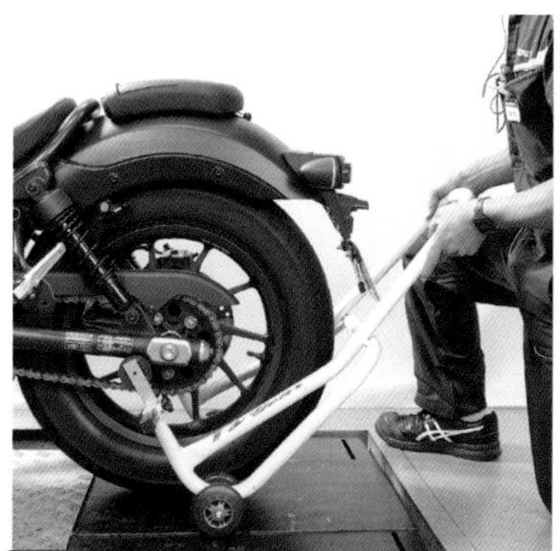

03 メンテナンススタンドをかける

ドライブチェーンのメンテナンス時はメンテナンススタンドをかけると便利です。車体を直立させた状態で受けをスイングアームに当て、スタンドを立てます。二人で作業するのがおすすめです

● アドバイス Advice

マフラーの干渉に注意

メンテナンススタンドの受けは付け替えが可能で、使用する車両により変更できます。レブル250のようにサイレンサーの位置が低い車両の場合、スイングアームとの接触部とスタンド本体との接続部が横並びになった一般的な受けではマフラーとスタンド本体が干渉してしまいます。そこで、その2点が大きく上にオフセットした受けを用意する必要があります

04 サイレンサーのバンドを緩める

レブル250はサイレンサーが干渉してトルクレンチが使えないので、これを外します。まずバンドを緩めます

05 ステーのボルトを外す

サイレンサーをステーに固定しているボルトを、裏側のナットを外して抜き取ります

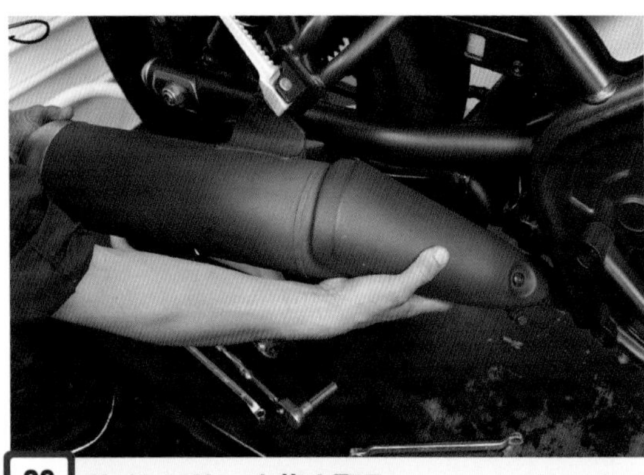

06 サイレンサーを抜き取る

後方に引いて、エキゾーストパイプからサイレンサーを抜き取ります

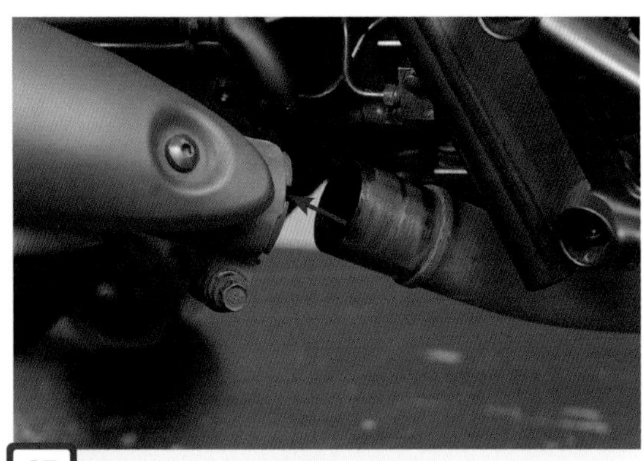

07 サイレンサーのガスケット

サイレンサーのエキゾーストパイプとの接続部には、筒状のガスケットがあります。取り外し時は新品に交換します

08 アクスルシャフトの固定方法を確認

チェーンのたるみ調整をするためには、アクスルシャフトの固定を解かなければいけません。車種により固定方法は異なるので構造をチェックし、必要な工具を選定します

固く締まっているので長い工具を用意します

09 アクスルナットを緩める

車体左側から14mmの六角レンチでアクスルシャフトを回り止めした状態で、右側のアクスルナットを24mmレンチで緩めます

アクスルシャフトの位置を変え、たるみを調整するチェーンアジャスターの構造も様々な種類があります。レブル250ではアジャスターはスイングアーム後端に、調整位置の目安となるプレートは側面にある分割構造となっています。調整はこのプレートとスイングアームにある印線を基準にして実施します

10 チェーンアジャスター の構造

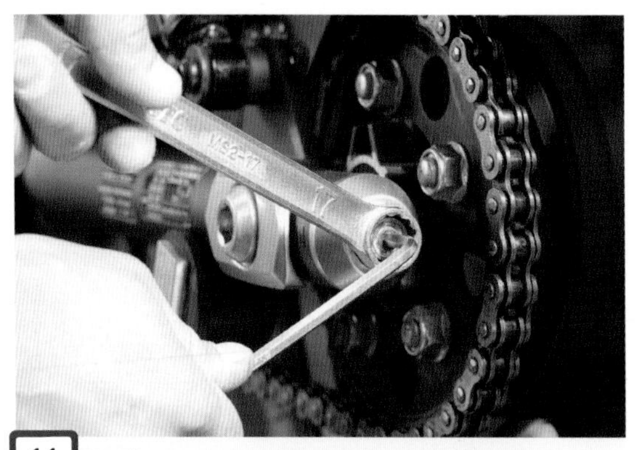

11 アジャスターのロックナットを緩める

5mm六角レンチでアジャスターを固定しながら、17mmレンチでロックナットを緩めます

12 アジャスターでたるみを調整する

アジャスターを回し、チェーンのたるみを調整します

13 調整状態を確認する

アジャスターはたるみ量を確認しながら少しずつ回します。たるみは少なすぎるのも大きな問題となるからです

14 逆側のアジャスターを調整する

逆側のアジャスターも、反対側と同じ位置になるよう印線を基準に調整します

15 ロックナットを締めアジャスターを固定する

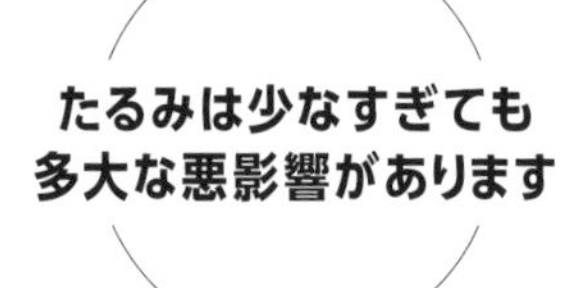

たるみは少なすぎても
多大な悪影響があります

六角レンチでアジャスターを固定した状態でロックナットをしっかり締め、アジャスターの動き止めをします

16 アクスルナットを締める

アクスルシャフトを回り止めし、アクスルナットを締めていきます

17 アクスルナットを規定トルクで締める

トルクレンチを使い、アクスルナットを本締めします。レブル250での規定締め付けトルクは88N・mです

ポイント Point

たるみを再確認する

アクスルナットを締める際、わずかにアクスルシャフトが後方に動き、たるみが減る場合があるので、念のためたるみを再確認します。それを避けるため、ナットを締める前にチェーンとスプロケットの間に丈夫な棒を入れ、噛み合うようホイールを回転させてチェーンをピンと張ることで、アクスルシャフトがずれない状態にしてナットを締める手法もあります

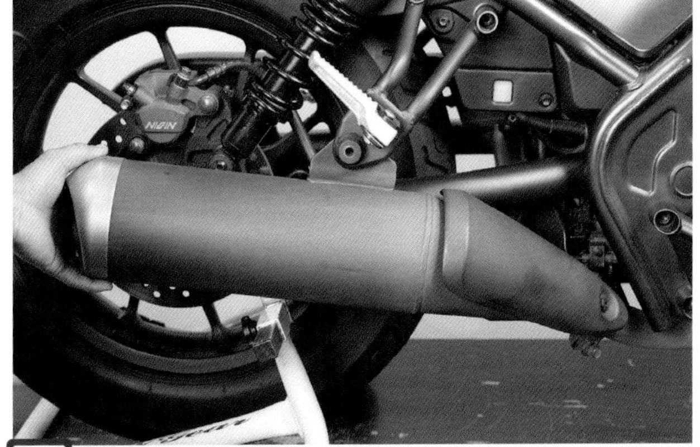

18 サイレンサーを取り付ける

ガスケットを新品にしたサイレンサーをエキゾーストパイプに差し込み、バンドを締めます。ステー部をボルトとナットで固定すれば作業終了です

PART 03

ブレーキパッドの交換

ディスクブレーキの消耗部品、ブレーキパッドの交換手順を解説します。重要部品なので不安なら迷うこと無くプロに依頼しましょう。

ブレーキパッドの種類

ブレーキパッドは、制動力を生む摩擦材の種類によって性質が異なります。細かく分類するとかなりの数になりますが、大まかには2種類に分けられます。摩擦材を樹脂で固めたレジン（オーガニック）系パッドと、金属粉を焼き固めて摩擦材としたメタル（シンタード）系パッドです。前者は一般にコントロール性が高く安価ですが制動力は穏やか、後者は制動力に優れ雨にも強いですがコントロール性では劣り、価格も高いという特性があります。

レジン系

金属粉や繊維の粉を樹脂で固めて摩擦材としたもので、オーガニック、セミメタル等とも呼ばれます。写真はデイトナの赤パッドでレジン系の代表的製品です

パッド交換で制動力の向上も図れます

メタル系

制動力=利きに優れ、雨にも強いと利点が多いメタル系ですが、ブレーキディスクへの攻撃性が高いとされます。写真はデイトナのゴールデンパッドです

ポイント Point

ブレーキディスクへの攻撃性

ディスクブレーキは、ブレーキディスクにブレーキパッドを押し付けた時の摩擦により制動力を得ています。摩擦力が高いほど制動力も高まりますが、摩擦力が高いということは削る力も強いため、ブレーキディスクを削る力=攻撃性も高くなる傾向が高まります

ブレーキパッドの交換

交換作業は、ブレーキパッドを入れ替えるだけでなく、汚れてしまったブレーキキャリパーの清掃等の作業も必要になってきます。

フロント

ブレーキキャリパーの構造により作業は多少違ってきます。モデル車両のレブル250では片押し（ピンスライド）式を採用しています

01 ブレーキキャリパーの構造を確認

02 キャリパー固定ボルトを緩める

ブレーキキャリパーをフロントフォークに固定しているボルトを、12mmレンチで緩めます（まだ外しません）

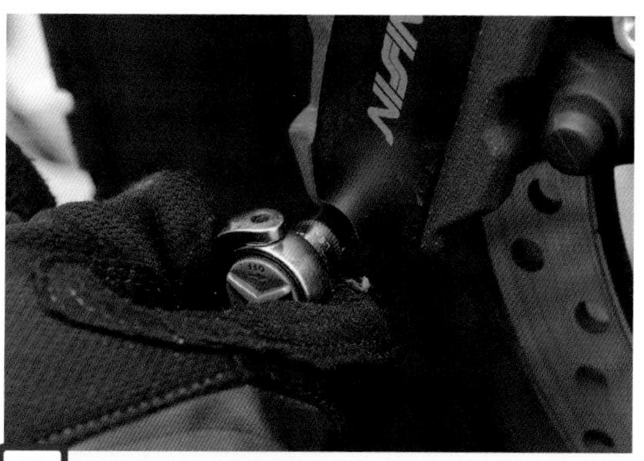

03 パッドピンを緩める

パッドピンを5mm六角レンチで緩めます。固く締まっていることが多いのでキャリパーを外して作業すると大変です

04 ボルトを抜いてキャリパーを外す

パッドピンを緩めたら、固定ボルトを抜き取り、ブレーキキャリパーをブレーキディスクから抜くようにして車体から外します

● ポイント Point

ホースクランプがあることも

ブレーキホースは、クランプでフロントフォークに固定されている場合があります。それが付いたままだとキャリパーを外せないので、事前に固定ボルトを抜き、クランプをフロントフォークから外してホースをフリーにする必要があります

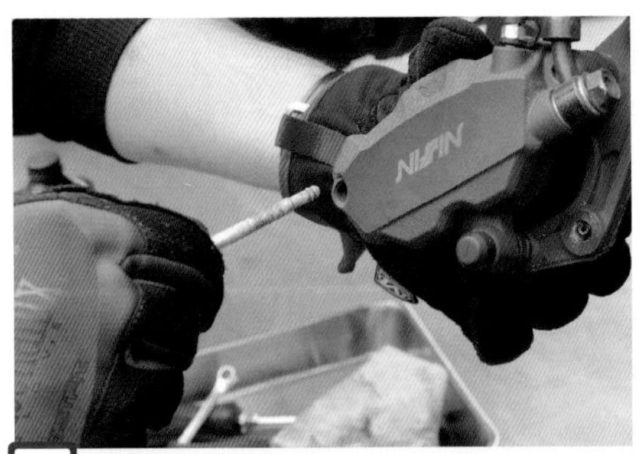

05 パッドピンを抜き取る

ブレーキキャリパーを外したら、緩めておいたパッドピンを抜き取ります

06 ブレーキパッドを取り外す

パッドピンを抜くと、ブレーキパッドを取り外すことができます。パッドピンは複数あるものもあります

構造を確かめながら作業をしていきます

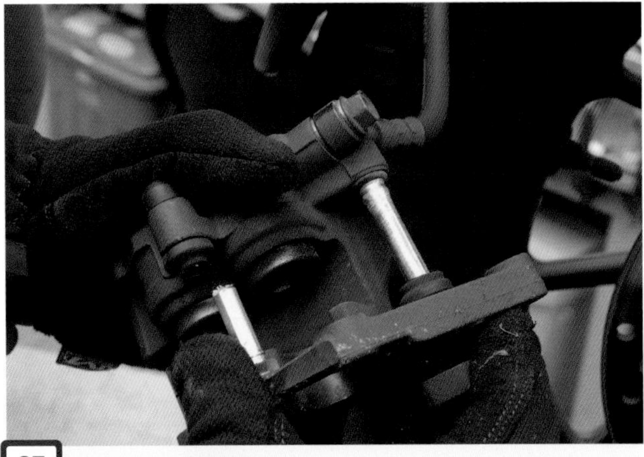

07 ブラケットを外す

キャリパーからブラケットを外します。作動軸となるスライドピンで接続されているので、引くだけで外すことができます

ピストンのすみずみまで洗浄します

08 キャリパーを洗浄する

キャリパーは摩擦材のカスが付着しているので、中性洗剤を混ぜた水とナイロンブラシで水洗いします。ピストンは見えにくい裏側を含めた全周を洗いましょう

09 ブーツ内にシリコンスプレーを吹く

キャリパーにあるスライドピンが収まる穴に、潤滑用のシリコングリスをスプレーします

10 ブラケット側の穴にシリコングリスを塗る

ブラケット側にあるスライドピストン用の穴のブーツ内部に、シリコングリスを入れます

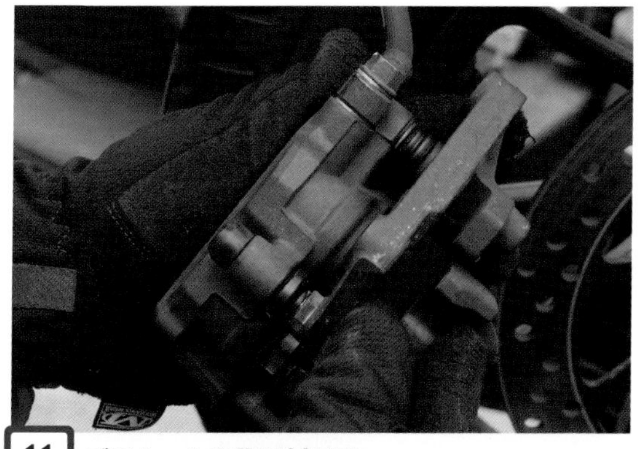

11 ブラケットを取り付ける

グリスアップした穴にスライドピンを差し込むことで、キャリパーへブラケットを取り付けます

12 パッドピンを清掃する

パッドピンも汚れが付着しているので、真鍮ブラシを使って清掃します

ポイント Point

ピストンツールは清掃にも便利

キャリパー用ピストンツールは、ピストンを出し入れできるだけでなく、回転することもできます。そのままでは洗いにくいピストン裏側も、これで回すことで楽に洗うことができます。比較的安価なのでブレーキメンテをするなら持っていたい工具です

13 ピストンを押し込む

ブレーキパッドが薄くなった分、ピストンが出ています。そのままでは新品パッドが付けられないので、ピストンツールで回しながら押す等して、ピストンを奥まで押し込みます

14 新しいブレーキパッドを取り付ける

キャリパーにブレーキパッドを取り付けます。レブル250の場合、パッドにある突起をキャリパーとブラケットにある切り欠きに収めるようにセットします

15 パッドピンを差し込む

パッドピンを差し込むことで、ブレーキキャリパーとブレーキパッドを固定します

16 取り付け状態を確認

正しく取り付けられているかを確認します。問題なければ、この状態でパッドを引き出そうとしても動きません

17 キャリパーを車体に取り付ける

パッドの間にブレーキディスクを入れながら、キャリパーを車体に取り付けます

18 ボルトを規定トルクで締め付ける

キャリパーの固定ボルト、パッドピンを規定トルクで締めます。稀に固定ボルトは上下で異なるので注意しましょう

19 ブレーキレバーを握ってピストンを出す

キャリパーのピストンを戻したままのこの状態では、ブレーキが全く利きません。作業の最後には必ず、レバーを握ったときのタッチが固くなり（最初は最後まで抵抗なく握れます）、ブレーキが利くようになるまでブレーキレバーを数回握ります

ポイント Point

作業後の確認が大切

部品の交換作業が終わったら、すぐにでも乗りたくなるもの。ですが、安全を確保するために、必ず作業部分が正常に作動するか確認するようにしましょう。これは初心者はもちろんですがベテランも同じ。うっかりミスは誰でもしてしまうからです

リア

フロントとリアでは構造が違います

リアキャリパーのパッドを交換します。フロントとは異なるのがほとんどなので、改めて構造を確認し、またパッド以外に不具合がないかをチェックしておきましょう

1 最初の状態を確認

02 パッドピンを緩める

固い場合があるので、キャリパーが付いた状態でパッドピンを緩めます。フロントと違い8mmレンチを使います

03 固定ボルトを緩める

2本あるキャリパー固定ボルトを緩めます。前側は14mm、後ろ側は12mmレンチを使います

04 固定ボルトはスライドピン兼用

ボルトの使用箇所を間違えないこと

固定ボルトは、キャリパーが左右に動くためのスライドピンの働きも持たされているので、ねじ山は先端部分にしかありません

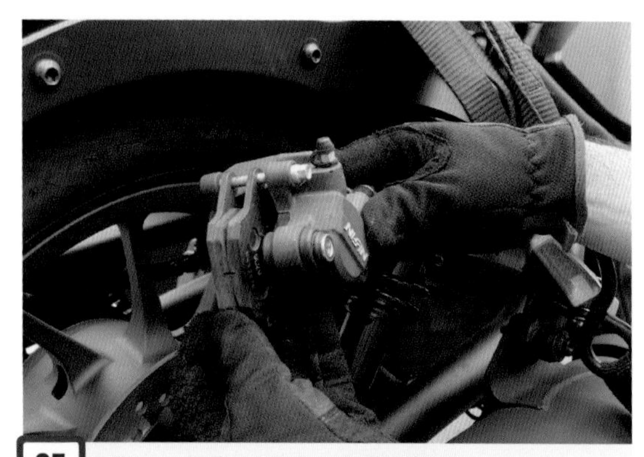

05 ブレーキキャリパーを取り外す

ボルト2本を抜けばフリーになるので、上に動かしてキャリパーを車体(ブレーキディスク)から取り外します

06 パッドピンを抜く

パッドピンを抜きます。これより前に抜いてしまうと、キャリパー取り外し時にブレーキパッドが脱落してしまいます

07 ブレーキパッドを取り外す

古いブレーキパッドをキャリパーから取り外します

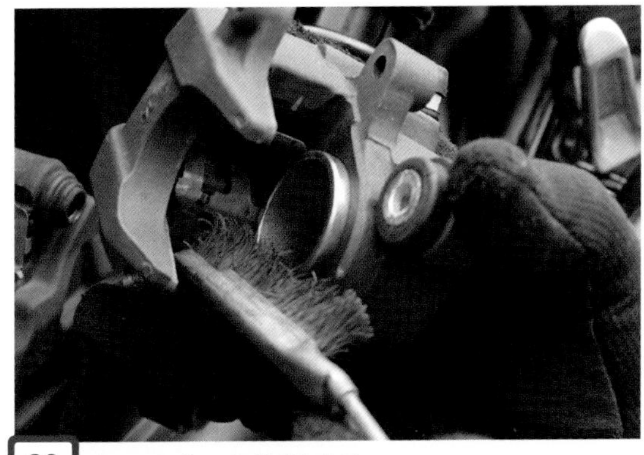

08 キャリパーを洗浄する

中性洗剤を混ぜた水等でキャリパーを洗います。特にピストンはキレイにしておきましょう

09 ピストンを戻す

飛び出たピストンを、キャリパーを一番奥、キャリパーの面と同じ高さになるまで戻します

10 ブラケットをグリスアップする

キャリパーブラケットの前側取り付けボルト穴にはブーツがあります。その中にシリコングリスを入れます

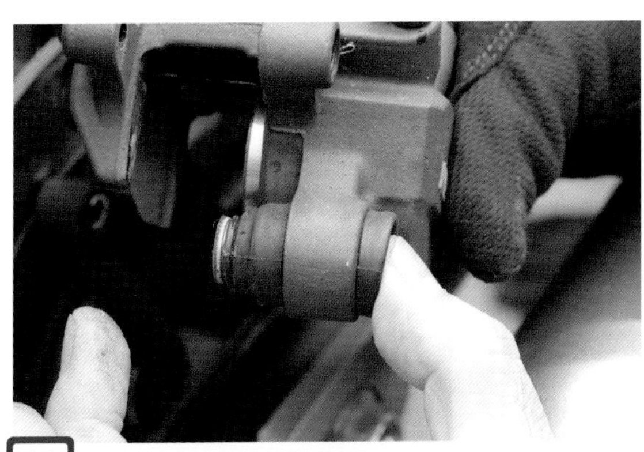

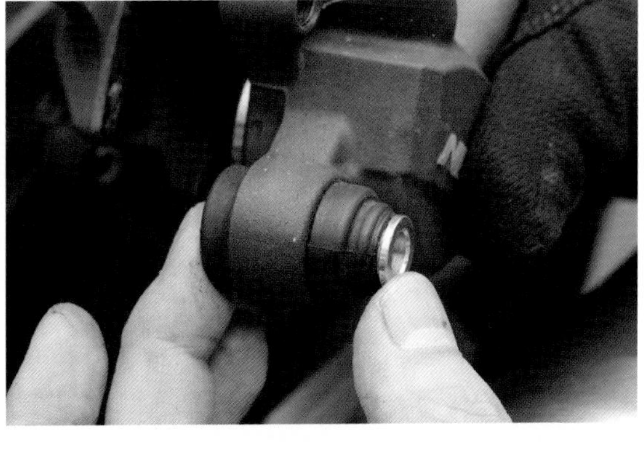

11 スリーブの動きを確認する

キャリパー後ろ側の取り付けボルト穴にはスリーブが取り付けられています。これがスムーズに左右に動くかを確認します。動きが渋いようなら分解して、スリーブを清掃し、シリコングリスを塗布します

12 ブレーキパッドを取り付ける

新しいブレーキパッドを正しい向きでキャリパーに取り付けます。ブレーキパッドは写真右のように、前側の突起をブラケットの受けにセットする形で固定します。キャリパー取り付け時の参考にしましょう

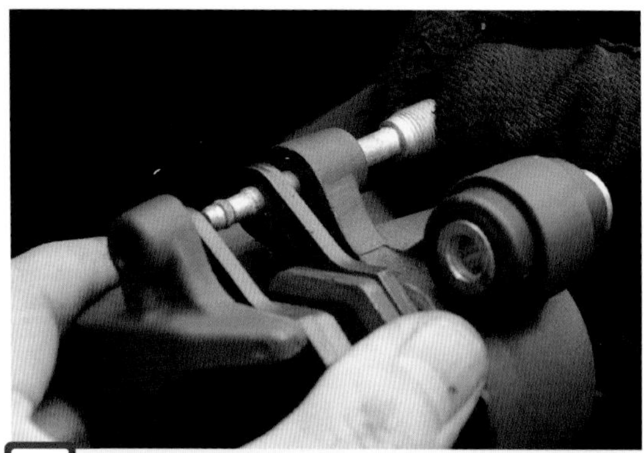

13 パッドピンを差し込む

汚れを落としたパッドピンを取り付け、パッドの後部をキャリパーに固定します

14 キャリパーを取り付ける

ディスクをパッドの間に入れながらキャリパーを車体に取り付け、ボルトで固定します

15 各ボルトを規定トルクで締め付ける

固定ボルト、パッドピンを規定トルクで締め付け、確実に固定します

16 ペダルを操作しピストンを出す

ブレーキペダルを何回か踏み、キャリパーのピストンを押し出します

PART 04

ブレーキフルードの交換

ディスクブレーキにおける消耗品の1つ、ブレーキフルード。使用頻度と共に使用年月でも劣化するので、定期交換が必要です。

ブレーキフルードの基礎知識

ディスクブレーキでは、油圧の働きを使ってブレーキキャリパーのピストンを動かし制動力を発生させます。そのブレーキにおいて油の役割をしているのがブレーキフルードです。ブレーキは制動力を発生させる際、摩擦により熱が生まれます。ブレーキフルードはその熱に耐えつつ力を効率よく伝えられるよう作られています。ただ、それを実現する上で使われる成分は、湿気を吸いやすいため月日の経過で劣化する一方、強いブレーキを頻繁に使うような激しい使用によっても劣化します。前回交換から2年経過したか、点検窓から見て濁っている場合は交換しましょう。

ブレーキフルードにはDOTという規格があります。DOT3、4、5、5.1があり、基本的に数字部分が大きいほど高性能ですが、DOT5のみ主成分が異なります。リザーバータンクに使用するブレーキフルードの記載があるので、用意する前に必ず確認しましょう

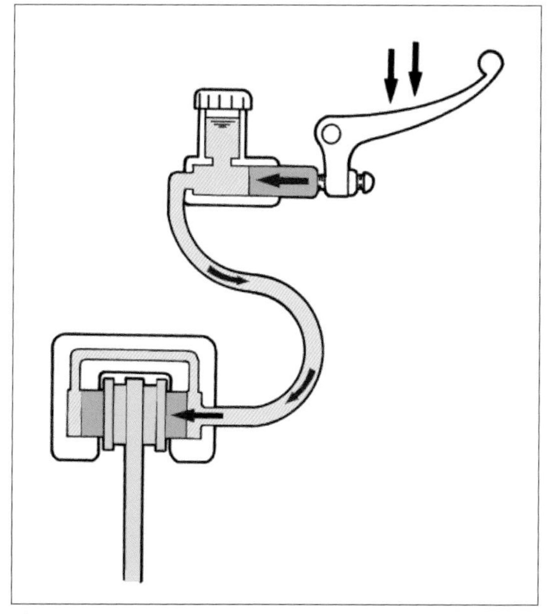

パスカルの原理により、ブレーキマスターで発生した力をブレーキディスクへブレーキフルードを使って伝達しています

液の色は透明が多いですが茶色い製品もあります

ブレーキフルードの交換

基本を覚えれば難しくありませんが、重要部分なので少しでも不安に思えたら、迷わずプロに作業を依頼しましょう。

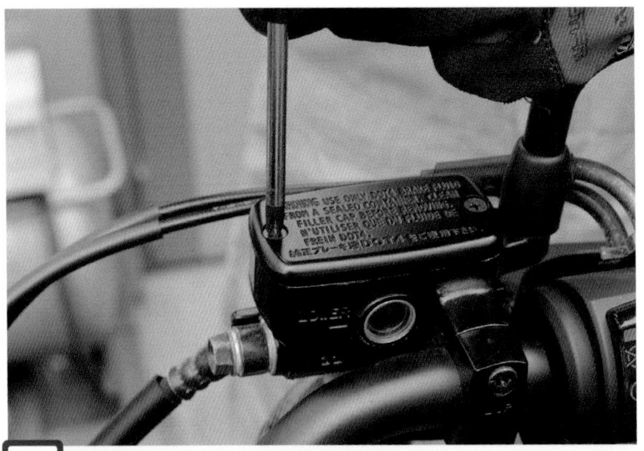

01 リザーバータンクのねじを外す

フロントから作業します。マスターシリンダーにあるリザーバータンクのふたを固定するプラスねじを外します。意外と固くなめてしまう場合が多いので、正しいサイズのドライバーを使い、押す7：回す3の力加減で緩めていきましょう

02 リザーバータンクのふたを外す

ねじを外したらタンクのふたを外します。持ち上げるだけですが、張り付いていてスムーズに外れない場合もあります

03 ダイアフラムプレートを外す

ふたの下には樹脂製のダイアフラムプレートがあるので、それを上に持ち上げて外します

ポイント Point

ブレーキフルードの飛び散りに注意

ブレーキフルードは塗装への攻撃性が高い液体です。交換作業では予期せずフルードが飛び散る事があるので、リザーバータンクのふたを外す時などは、周囲をウエス等でカバーします。飛び散ってしまった場合、タンク内に混入しないよう注意しながら水やパーツクリーナーですぐ洗浄します

プラスねじをなめないように注意

04 ダイアフラムを外す

リザーバータンクを塞ぐように取り付けられた、ゴム製のダイアフラムを外します

05 ブレーキフルードの量を確認

最終的に現在の液面の高さを再現するので、それを確認しておきます

06 古いブレーキフルードを吸い取る

タンク内のフルードを可能な限り吸い取っておきます。液を補充するまでブレーキレバーを握らないこと

07 新しいブレーキフルードを入れる

タンク内に新しいブレーキフルードを入れます。多めに入れますが縁ギリギリだとこぼれてしまうのでほどほどに

ハンドルを動かさないで作業します

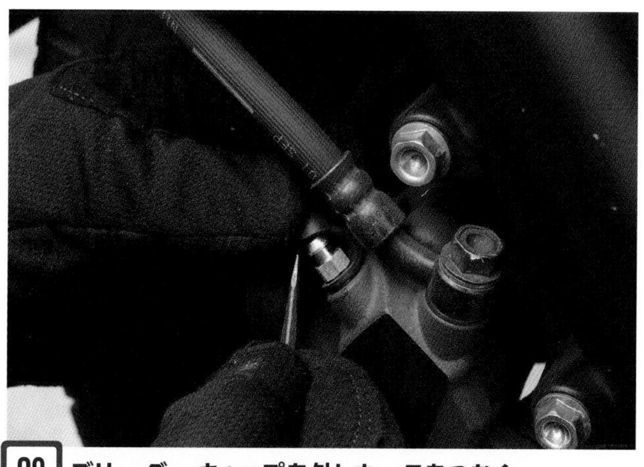

08 ブリーダーキャップを外しホースをつなぐ

ブレーキキャリパーのブリーダースクリューに付けられた、ゴムのブリーダーキャップを外します。ブリーダースクリューと同じ直径でブレーキフルードに対応した透明なホースを差し、ホースの逆側は液を受ける容器に入れておきます

09 ブレーキレバーを握る

ブレーキレバーをいっぱいまで握った状態を保ちます

10 ブレーキフルードを排出する

ブリーダースクリューを8mmレンチで緩めるとフルードが出てきます。流れが止まったらスクリューを締めます

ポイント Point

ブレーキレバーを放すタイミングが重要

ブリーダースクリューを緩めた状態でブレーキレバーを放すと、ブレーキ通路内に空気が入り、制動性能が正常に発揮できなくなるので、充分気をつけて作業します。リザーバータンクの中が空にならないよう随時フルードを追加しながら、スクリューに付けたホースから新しいブレーキフルードが出るまで**09**と**10**を繰り返します

11 ダイアフラムを正しい形に戻す

ダイアフラムはブレーキパッドが減りタンク内の液面が下がると中心部が飛び出るので、その時は平らな状態にします

パッドが摩耗しているとダイアフラムが変形します

12 ダイアフラムやふたの汚れを落とす

ダイアフラムやダイアフラムプレート、ふたに付着した古いフルードや汚れを落とします

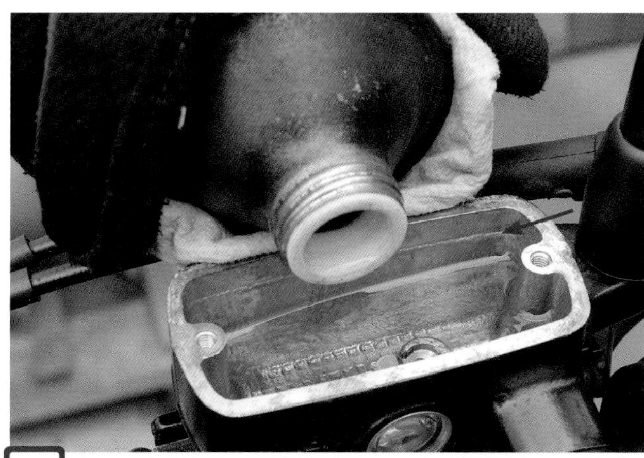

13 ブレーキフルードを入れる

リザーバータンクを水平にし、最初に入っていた量と同量（ブレーキパッドも新品にした時はアッパーライン（矢印）まで）ブレーキフルードを入れます

● ポイント Point

フルードはむやみに補充しない

点検窓から見えるブレーキフルードが下限付近だと補充したくなるかもしれません。しかしこれはブレーキパッドが減っている、もしくはどこからか漏れているサイン。補充ではなく、ブレーキパッドやブレーキシステムの点検をしましょう

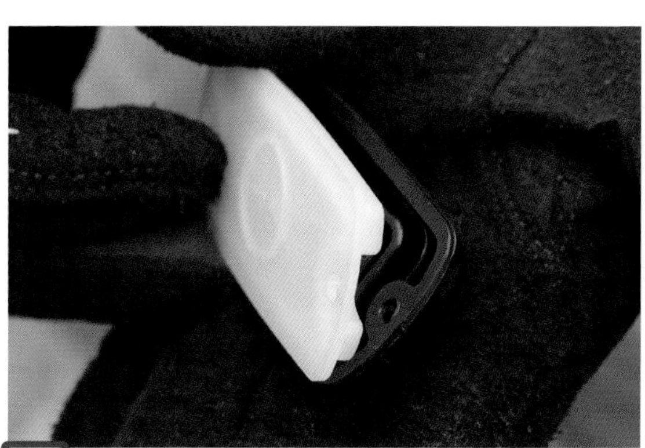

14 ダイアフラムとダイアフラムプレートを元に戻す

プレートの突起をダイアフラムのくぼみに合わせて組み合わせた後、そのセットをリザーバータンクに取り付けます

15 ふたを取り付ける

ふたを取り付け、ねじを締め付けてしっかり密閉します

● ポイント Point

ふたを閉めたら周囲を洗う

ブレーキフルードの入れ替え作業では、思いもよらない部分にそれが付着している場合があります。こぼしていないと思っても、水やパーツクリーナーで作業部周囲を広く洗っておくと、思わぬ塗装のダメージを防ぐことができます

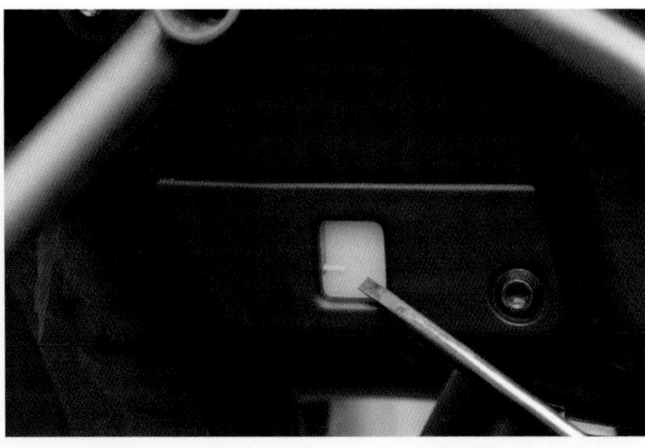

16 リアのリザーバータンク

モデル車のレブル250を始め、多くの車両においてリアのリザーバータンクは半透明の樹脂で作られた別体式で、マスターシリンダーとホースで接続されています。その位置を確認しておきます

17 リザーバータンクのカバーを外す

点検窓前方にあるボルトを5mm六角レンチで抜き取り、黒いカバーを外してタンクを露出させます

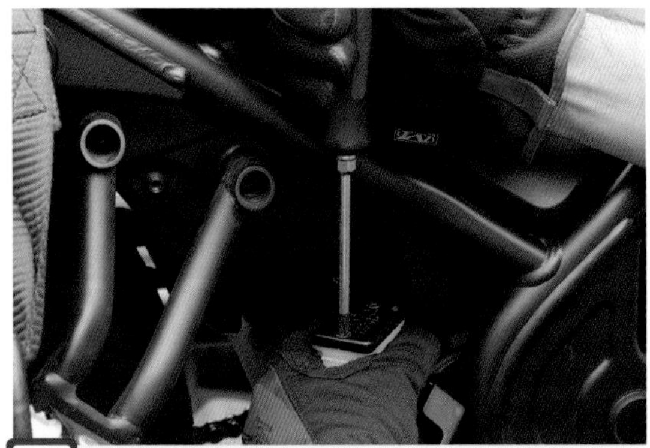

18 ふたの固定ねじを外す

カバーの固定ボルトを外すとタンクはフリーになるので、少し手前に出してからふたのプラスねじ2本を抜き取ります

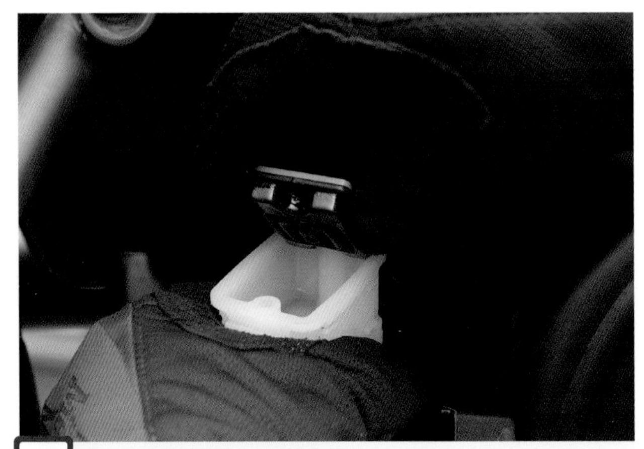

19 ふたとダイアフラムを外す

ふた、ダイアフラムプレート、ダイアフラムを外します。そして古いフルードを抜き取り、新しいフルードを入れます

ポイント Point

ねじ込み式のふたもあります

リザーバータンクのふたはねじ止め式の他、ねじ込み式もあります。ねじ込み式であっても、それが走行中に回ってしまわないよう、回り止めのプレートが側面に取り付けられているものもあります。その場合は固定ねじを抜いて、プレートを外します

20 ブレーキペダルを押し込む

ブレーキホース等に残った古いフルードを排出するため、ブレーキペダルをいっぱいまで押します

21 キャリパーからフルードを排出する

ペダルを押した状態のまま、ブリーダースクリューを緩めたらすぐ締めることで、フルードを排出します

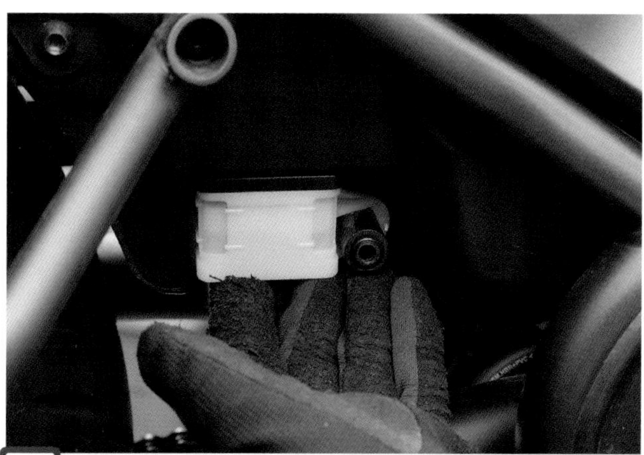

22 ふたやダイアフラムを元に戻す

20と21を繰り返しブレーキフルードを入れ替えたら、当初の量までフルードを追加し、掃除したふた、ダイアフラムプレート、ダイアフラムを取り付けます

ポイント Point

空気が入ったらエア抜きする

ブレーキ内に空気が入ると、レバーやペダルを操作した時の手応えが軽くなります。その時は手応えが固くなるまで繰り返しレバーやペダルを操作した上で、排出時と同じ作業を、ホースから排出されるフルード内に泡が無くなるまで繰り返します

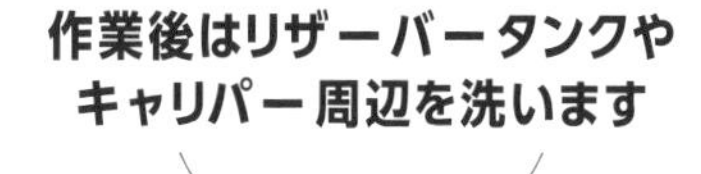

作業後はリザーバータンクやキャリパー周辺を洗います

23 リザーバータンクを元に戻す

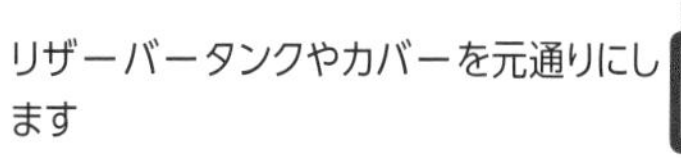

リザーバータンクやカバーを元通りにします

PART 05

タイヤ

代表的な消耗品で、交換することも多いタイヤ。その選択はとても大切なので、基礎知識をしっかり身に付けることは重要です。

タイヤのサイズ

タイヤのサイズは走行性能に大きな影響があり、メーカーが定めたサイズを守るのは愛車の性能を充分発揮する上で重要です。タイヤのサイズは、ホイールとの取付部(リム)における直径と幅、そして横から見た時の厚み(幅に対する比率)にあたる扁平率で表記されます。こうした物理的なサイズに加え構造に由来した表記もあり、これも車両に適合している必要があります。その詳細は下記にまとめてあるので、それぞれの意味を確認しておきましょう。

ラジアルメトリック表示

120	/	70	R	17	M/C	58	H
①		②	③	④	⑨	⑤	⑥

バイアスメトリック表示

120	/	70	-	17	M/C	58	H
①		②		④	⑨	⑤	⑥

バイアスインチ表示

3.00	/	21	4PR
⑦		④	⑧

①タイヤ幅(mm)　②扁平率　③ラジアル構造　④リム径　⑤ロードインデックス(支えられる最大負荷能力)　⑥速度記号(対応する最高速度でアルファベットが進むほど高くなる)　⑦タイヤ幅(インチ)　⑧タイヤの強度(プライレーティング)　⑨モーターサイクル用タイヤの表示

バイアス構造とラジアル構造

タイヤにはゴムの内部に骨格に当たるカーカスがあります。このカーカスを構成している繊維(様々な素材で作られます)の回転方向に対する角度で分類され、タイヤの特性も大きく左右されます。角度が斜めなのがバイアス構造で、ねじれを防止するため複数のカーカスを使いブレーカーで締め付けます。垂直なのがラジアル構造で、カーカスは1枚だけでそれをベルトで締め付けています。

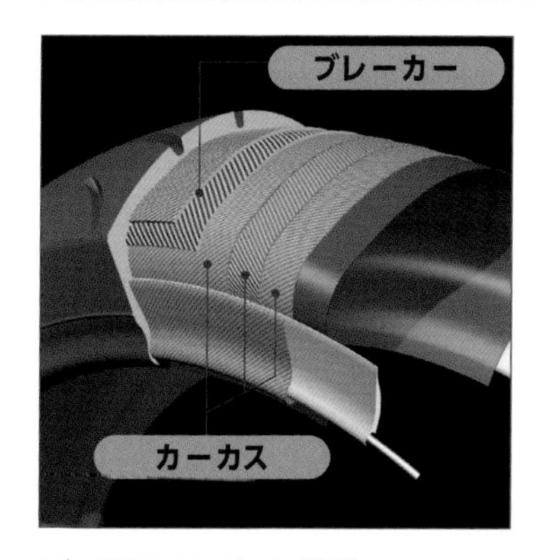

バイアスタイヤの構造

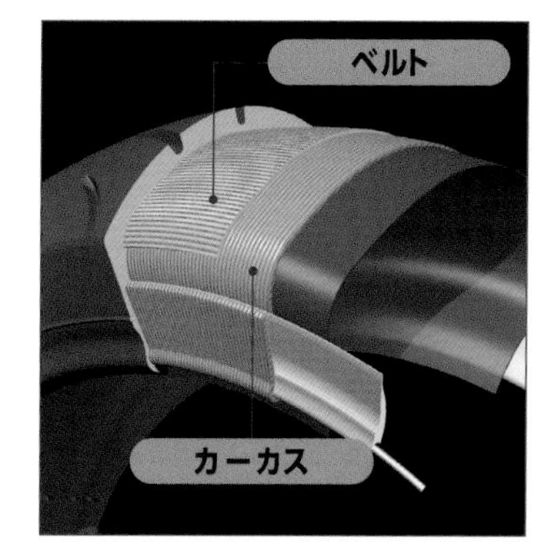

ラジアルタイヤの構造

アドバイス Advice

バイアスかラジアルか?

ラジアルタイヤは操縦性や安定性に優れるだけでなく、耐摩耗性や燃費性にも優れる上に軽量とメリットが多く、特にスポーツ車の主流となっています。対するバイアスタイヤは構造上、カーカスを複数枚使わなければいけないため重量面でラジアルに劣りますが、その構造ゆえ低速時の乗り心地が良くコストパフォーマンスにも優れるので、小・中排気量車に向いています。またサイドウォール剛性が高いため、重量のあるクルーザーにも適したタイヤです

タイヤ選び

同じカテゴリーでも、タイヤメーカーやモデルごとに幅広い特徴があり、新製品も登場します。そこで、タイヤ情報が集まる二輪用品店やタイヤショップに足を運び、詳しいスタッフに相談すると、より自分にあったタイヤが選べます

チューブタイヤとチューブレスタイヤ

タイヤはホイールとの間に空気を入れて使うのが前提です。その空気を保つためにタイヤとは別にチューブを使うチューブタイヤと、タイヤとホイールを密閉しチューブを使わないチューブタイヤがあります。チューブを使うか使わないかはタイヤの違いもありますが、主にホイールに由来します。スポークタイヤの多くはスポークの穴から空気が漏れるのでチューブレスタイヤを使うことができません。ただ対応していないホイールにチューブを使うことで、チューブレスタイヤを装着することもできます。

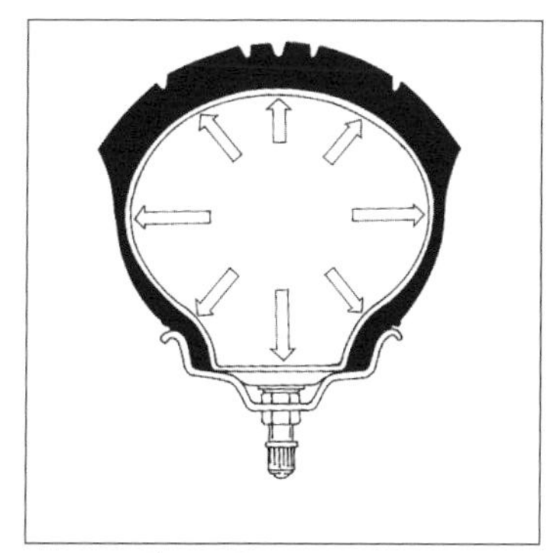
チューブタイヤ
主にスポークホイールを採用するバイクに使われています。タイヤとホイールの間に、バルブが付いたチューブが入っているタイプです。チューブも劣化するので、タイヤを交換する際に、合わせて交換しておくと安心です

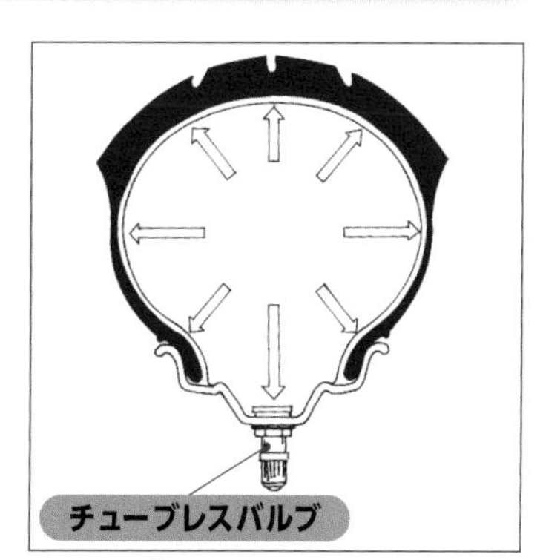

チューブレスタイヤ
タイヤの縁にあるビード(ビードワイヤー)がホイールのリムに密着するので、チューブを使わないタイヤです。チューブレス用のバルブが劣化すると空気が漏れてパンクするので、タイヤ交換時にはバルブの同時交換も検討しましょう

PART 06

タイヤ周りのメンテナンス

タイヤの不具合は走行性能はもちろん、安全性を大きく低下させます。こまめなメンテナンスで、良い状態を保ちましょう。

タイヤの点検

タイヤは乗るごとに摩耗し、また空気圧も徐々に低下します。劣化は気づきにくいので、定期的かつこまめな点検を心がけましょう。

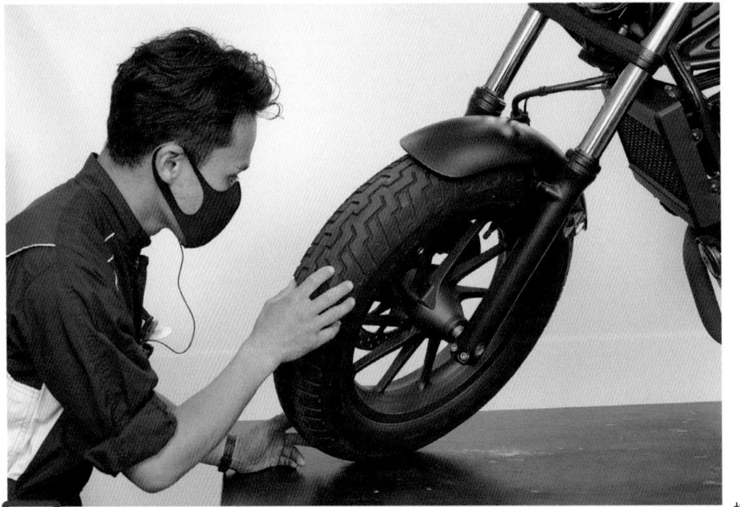

大丈夫という過信がトラブルを招きます

01 **表面の状態を見る**

接地面、サイドウォールに異物や傷、亀裂がないかを全周で確認します

02 **溝の深さを確認**

溝が適正な深さであるかを確認します。サイドウォールには印があり、その延長線上にある溝にはウェアインジケーターがあります。摩耗によりこれが表面に露出し、溝を分断していたらタイヤの寿命です

03 ゴムの硬化も確認

タイヤのゴムは時間が経過すると硬化し、本来の性能が得られないので、特にいつ交換したか分からないタイヤは柔軟性があるかも確認します。サイドウォールにある製造年月(矢印)の確認も有効です

サイドウォールにある製造年週の表示

HA7M 19 21

①　②　③

ゴムの硬さはタイヤの性格によっても異なるので、新旧の判断は製造年週表示を基準とした方が確実です。一見すると判別は難しいですが、その表記方法は意外とシンプル。特に製造年に注意するようにします

①管理番号など

英数字の羅列の先頭には、各タイヤメーカーの管理番号などがあります。タイヤが製造された年と週は、末尾の数字4桁を確認しましょう

②製造週

その年の19週目に作られたことを意味します。19週目ということは5月初旬頃に作られていることになります

③製造年

西暦の下二桁を表しているので、21とあれば2021年を意味します。製造年が5年以上前だった場合は、バイクショップなどで点検してもらいましょう

04 バルブキャップを外す

タイヤの空気圧を点検するため、バルブからバルブキャップを外します。キャップはゴミや水分の侵入を防ぐことでバルブを保護しているので、点検後は必ず取り付け、紛失していたら新品を用意します

05 空気圧を測定し、適正値にする

空気圧はタイヤが冷えた状態で測定します。空気圧計の口を空気がもれないようバルブに対し垂直にセットします。空気圧は取扱説明書の規定値に合わせます

06 リアの空気圧も点検する

リアも同様にして調整します。フロントとは異なることが多いので、規定値を間違えないようにします

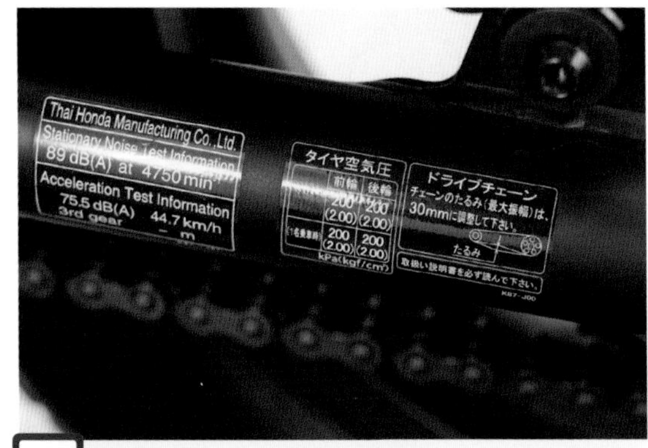

07 乗車人数による違いを確認

指定の空気圧は乗車人数により異なる場合があります

アドバイス Advice

タイヤの空気圧

走行中にタイヤがどれくらいたわむかは、タイヤの構造と空気圧で大きく変わり、それは走行性能にも多大な影響を及ぼします。特に少なすぎるとタイヤが波のように変形するスタンディングウェーブ現象が起き、最悪タイヤがバーストするので危険です。そのため空気圧は上記したように、取扱説明書の規定値にするのが基本ですが、走るシーンによって微調整することが推奨される場合もあります。例えばサーキットを走る場合、激しい走りでタイヤ内の空気が熱せられ膨張、空気圧が高まります。これは一般公道走行でも起きますが、高まる比率はサーキットほどではありません。そこでその膨張量を勘案し、純正指定よりも低めの空気圧にすることで、膨張時に適切な空気圧になるようにします

チューブレスタイヤのパンク修理

タイヤに釘などが刺さった時のパンクは、チューブレスタイヤであればタイヤを外さずに修理することができます。

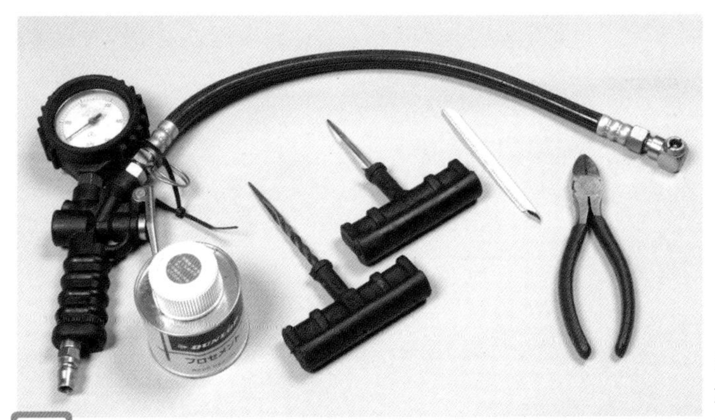

01 パンク修理キットを用意する

チューブレスタイヤ用の修理キットを用意します。グリップやプラグ等形状はキットにより違います。また別途ニッパーも用意しましょう

02 タイヤに刺さった異物を抜く

無闇に異物を抜かないようにします

ニッパー等を使い、刺さった異物を抜きます。多くの場合、異物は抜かなければ空気は抜けないので、出先で見つけた場合は無闇に抜かないようにしましょう

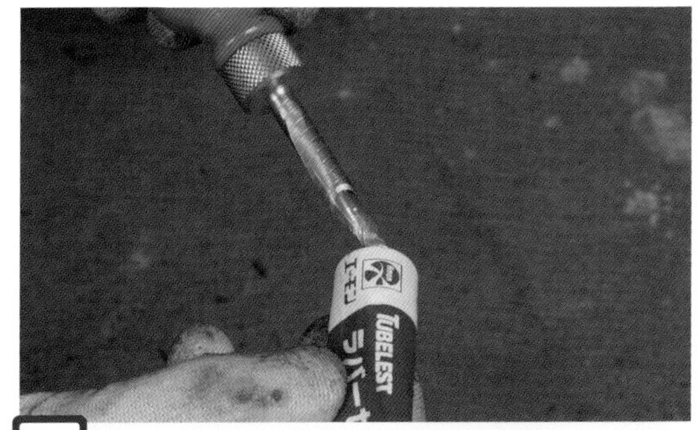

03 ガイドパイプにラバー セメントを塗る

ニードルを差し込んだガイドパイプに、修理キット付属のラバーセメントを塗ります

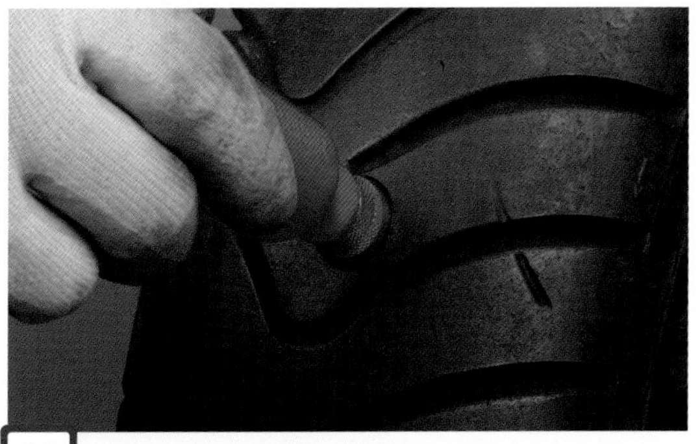

04 ガイドパイプを差し込む

異物が刺さっていた穴に、グリップを取り付けたガイドパイプを差し込みます

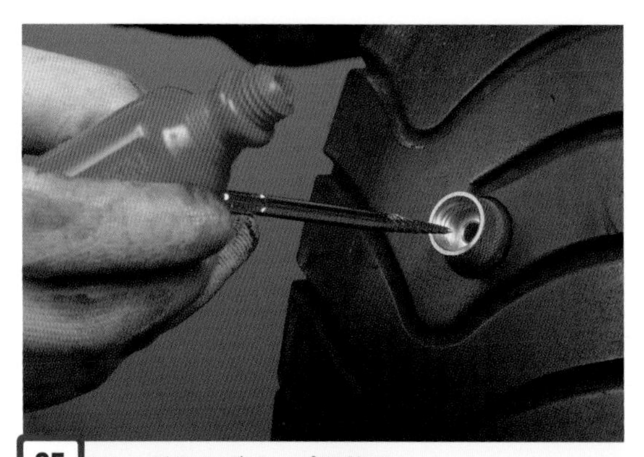

05 **ニードルとグリップを抜く**

ガイドはそのままで、グリップとニードルを抜きます

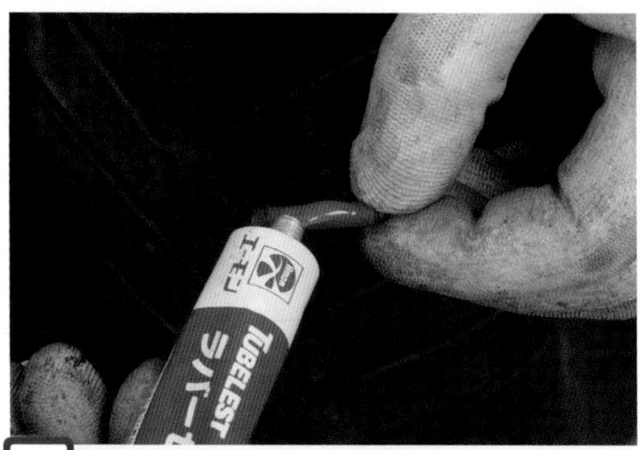

06 **プラグにラバー セメントを塗る**

修理キット付属のプラグに、ラバーセメントを塗ります

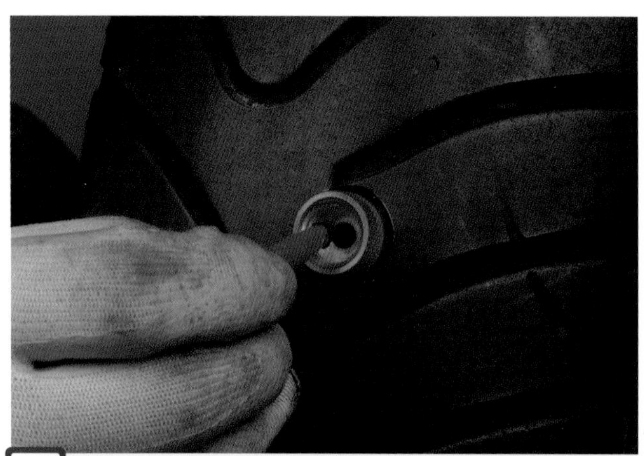

07 **ガイドパイプにプラグを差し込む**

ガイドパイプの穴にプラグを差し込みます

ポイント Point

プラグの形は種類があります

ここで使用したプラグは短い円筒形ですが、キットによっては紐状や細長い板状のプラグを使います。このタイプではガイドパイプを使わず、リーマーで穴を広げ、そこにリーマーや専用工具でラバーセメントを着けたプラグを挿入します

ニードルを逆向きにして
グリップにセットします

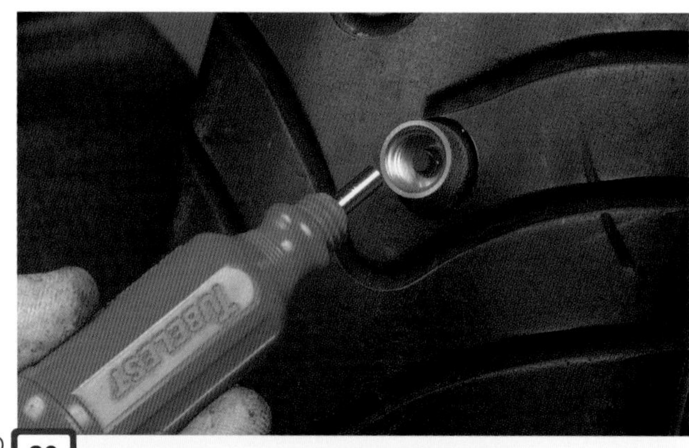

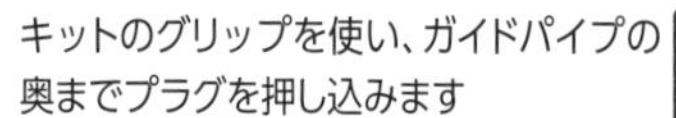

キットのグリップを使い、ガイドパイプの奥までプラグを押し込みます

08 **プラグをガイドパイプの奥まで押し込む**

09 **ガイドパイプを引き抜く**

ガイドパイプを引き抜くと、タイヤにプラグが残ります

ポイント Point

エアボンベでサバイバル性アップ

パンク修理後は空気を入れますが、ハンディタイプであっても空気入れは大きく、持ち運ぶのは大変です。そこでおすすめなのが修理用エアボンベです。専用のジョイントが必要ですが、コンパクトなボンベ数本で充分な空気圧が得られます

適正圧力まで空気を入れます

10 **プラグの飛び出た部分をカットする**

差したプラグのタイヤから出た部分をカットしたら規定圧まで空気を入れ、修理部から漏れがないかを確認します

アドバイス Advice

チューブタイヤのパンク修理

チューブレスタイヤのパンク修理を解説しましたが、チューブタイヤの場合はどうなのでしょうか。結論から言うと、相当にハードルが高いです。
手順としては、ホイールを外した上でタイヤの片面をリムから外して内部のチューブを出します。そしてチューブにある穴の位置を探して、そこにパッチを貼った上でチューブとタイヤを元に戻し、ホイールを車体に取り付けるとかなりの手間です。
ホイール脱着もそうですが、タイヤの脱着は専用の工具が必要な上に経験が必要です。そのため、オートバイ専門店以外ではチューブレスタイヤの修理を受け付けていても、チューブタイヤは断られるケースもあります。チャレンジする場合は、経験者に充分相談してからにしましょう

スポークの張り調整

スポークホイールのスポークが緩みホイールが歪むことがあります。調整可能ですが難易度は高く、プロに依頼するのも手です。

01 スポークの緩み点検1

握るようにスポークを横から押し、他のスポークよりしなりが大きい場合は、緩んでいると判断できます

02 スポークの緩み点検2

金属の棒などでスポークを軽く叩きます。緩んでいると鈍い音がしますが、判断には経験が必要です

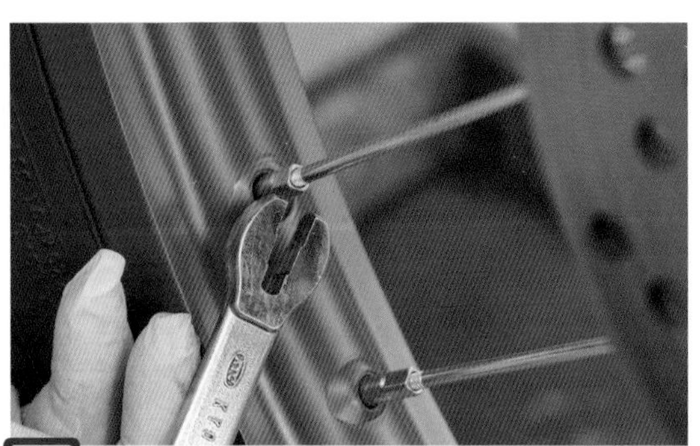

03 ニップルレンチで張りを調整

スポークは、リムにあるニップルをニップルレンチで回して調整します。レンチは車載工具に含まれることもあります

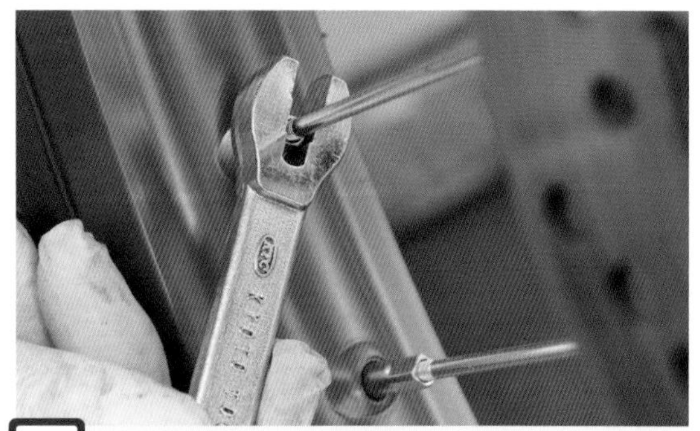

04 緩んだスポークを締める

締めすぎると逆にホイールが歪む（振れる）ので、1/4回転ずつ締めていきます

リアホールも同様の手順で点検します。リアはフロントに比べると緩みにくい傾向があります

05 リアのスポーク点検

スポークの張りを調整するニップルはリム側にあるのが主流ですが、ハブ（車輪中央）側にある車種もあります

06 ハブ側から調整する車種もあります

電装系のメンテナンス

バッテリーやヒューズの点検や灯火類のバルブ交換手順を解説します。特にバッテリーは上がってしまうと走行不能になるので、定期的な点検が大切です。車種による違いも大きいので、資料を確認しておきましょう。

車両・取材協力=ホンダモーターサイクルジャパン
車両協力=レンタル819 https://www.rental819.com　取材協力=ホンダドリーム横浜旭 / スピードハウス

CAUTION 警告

■この本は、習熟者の知識や作業、技術をもとに、編集時に読者に役立つと判断した内容を記事として再構成し掲載しています。そのため、あらゆる人が作業を成功させることを保証するものではありません。よって、出版する当社、株式会社スタジオ タック クリエイティブ、および取材先各社では作業の結果や安全性を一切保証できません。また作業により、物的損害や傷害の可能性があります。その作業上において発生した物的損害や傷害について、当社では一切の責任を負いかねます。すべての作業におけるリスクは、作業を行なうご本人に負っていただくことになりますので、充分にご注意ください。

PART 01

バッテリーとヒューズ

電装系の重要さは、オートバイの高性能化に伴って年々増しています。基礎知識を身につけ、適切に選択した上で使用しましょう。

バッテリーの種類

現在広く使われているバッテリーは、大まかに2つのグループに分けられます。1つめのグループは鉛バッテリーで、制御弁式と開放式が代表選手です。前者は中に入った電解液のメンテナンスが不要なので一般にメンテナンスフリー（MF）式と呼ばれます。もう1つのグループは近年登場したリチウムイオンバッテリーで、純正バッテリーとしても採用され始めています。車体側の充電方式との相性があるので、純正と同じタイプを使うのをおすすめします。

制御弁式(MF)バッテリー
使用中に内部で発生するガスを吸収し、寿命まで電解液量の点検や、精製水補充の必要がありません。充電方法を間違えたり充電装置に異常があると、極端に寿命が短くなったり、容器が膨らむことがあります

開放式バッテリー
排気口があり、使用中に内部から発生するガスがそこから排出される構造です。水の電気分解や蒸発により電解液が減るので、定期的な点検をし、不足時には精製水を補充する必要があります

リチウムイオンバッテリー
リチウムイオン電池パックを複数組み合わせて構成されるバッテリーです。鉛バッテリーに比べ軽量で自己放電が少なく始動性能にも優れますが、精密な充電制御が必要で、鉛バッテリーより高価な傾向があります

バッテリーの形式

スペースが限られるオートバイは、純正指定以外の形式のバッテリーを取り付けるのは困難です。また同じ形でも容量で劣るものを付けると、すぐセルモーターの回りが弱くなるので、同形式を選ぶことはとても大切です。

まずチェックポイントは電圧。6Vと12Vがありますが、現在ほとんどが12Vで、制御弁式は12Vしかありません。次に大きさで、これで容量も変わります。最後が極性で、バッテリーコードをつなげる端子の向きを表します。これが違うとバッテリーケースに収まってもバッテリーコードがつなげられないので、よく確認して購入しましょう。

制御弁式

ATX 4 L - BS

①ATX ②4 ③L ④BS

①メーカー・商品名　②始動性能（同等性能の標準型バッテリーにおける10時間容量でAhが単位）
③極性（Lが付くとプラス端子側短辺から見た時、プラス端子が左側にある）　④即用式

開放式（高性能）

FB 12 L - A

①FB ②12 ③L ④A

①メーカー・商品名　②電槽（ケース）の種類（寸法）　③極性　④端子形状およびガス排気孔の位置

開放式（標準型）

6 N 2A - 2C - 4

①6 ②N ③2A ④2C ⑤4

①電圧　②普通バッテリー　③電槽の種類（寸法）　④端子形状　⑤端子形状が異なる場合の区分

● アドバイス Advice

バッテリーの寿命

バッテリーは消耗してくると、プラスとマイナス端子間での電圧が低下します。単に放電してるだけなら充電することで回復しますが、充放電を繰り返すと電気を保つ能力が低下し、充電してもすぐ電圧が低下してしまいます。これがバッテリーの寿命です。
バッテリーの寿命は、電力の大半を放電すること(過放電)で一気に縮まるので、ライトを点けたまま放置するなど過放電につながることは厳禁です。
開放式バッテリーでは電解液が減って内部の金属が露出すると劣化が進み、寿命も縮みます。制御弁式ではこういった心配はないですが、寿命が来ると兆候もなしに突然使用不可になることがあるので、2年ごと等、期間を決めて交換するようにすると、想定外のトラブルを回避することができます。

バッテリー関連の機材

バッテリーの点検や充電には専用の機材が必要です。使用しているバッテリーに適合しているか確認した上で用意しましょう。

マルチテスター

バッテリーの状態は外観からでは判断できません。点検には電圧を計測できるマルチテスターが必須です。電装系全般のメンテナンスでも活躍してくれるので、1つ用意しておきたいアイテムです

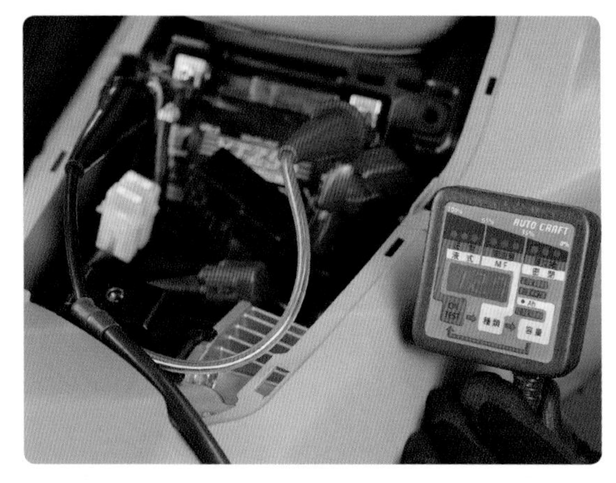

バッテリーチェッカー

バッテリーの寿命をより正確に測れるのがバッテリーチェッカーです。電圧測定とは異なるテストにより、寿命の面でどれくらい消耗しているかが分かるので、交換時期を判断することができます

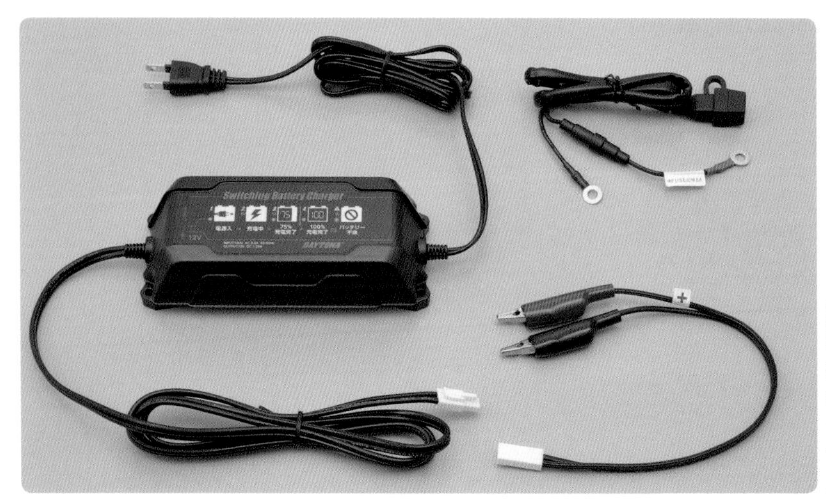

充電器

弱ったバッテリーは補充電しますが、寿命を迎えたバッテリーを回復させる機能を持つ(回復できないケースもあります)充電器があります。それがパルス充電器で、鉛バッテリーの性能を低下させる、サルフューションを取り除くパルス充電機能を持っています

ヒューズの仕組み

ヒューズは過剰電流が流れることで電装部品にダメージを受けるのを防ぐ部品で、一般家庭におけるブレーカーに相当します。ヒューズは過剰電流が流れると切れ、その電流を遮断します。ヒューズが切れると電気が流れなくなるので、電装部品は動作しなくなります。

ヒューズは別の原因で切れることもあり、その場合は交換することで問題なく使用できます。しかし過剰電流が理由の場合、それが発生した原因を解消しないとヒューズはすぐまた切れてしまいます。原因の1つであるショートは最悪そこから発火するので、しっかり点検しましょう。

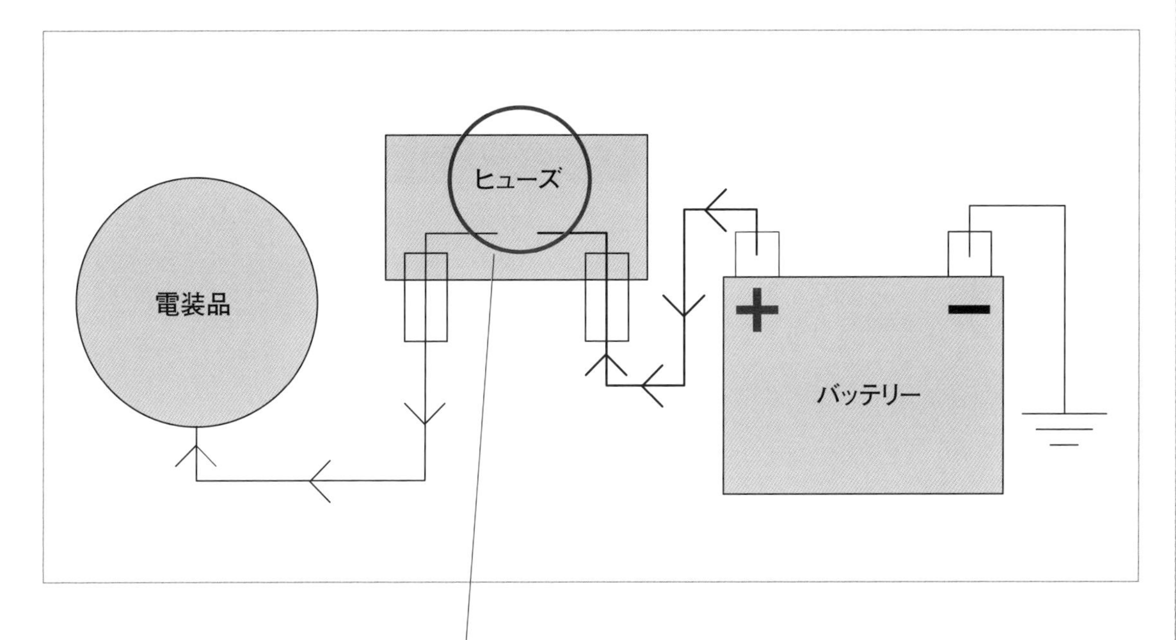

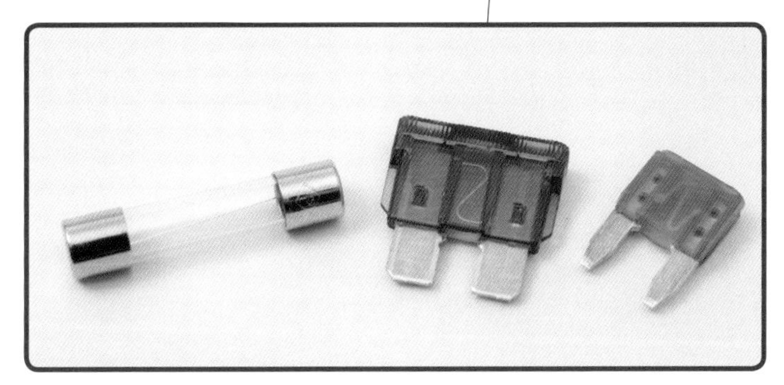

ヒューズの種類

ヒューズの定格電流（アンペア）を超える電流が流れると、エレメント部が溶けて断線（溶断）し、電装品に過電流が流れるのを防止します。ヒューズには、ガラス管タイプ、ブレードタイプ、ミニブレードタイプという種類があり、それぞれ使用箇所に適合するよう異なる定格電流が用意されています。ブレードタイプの樹脂部は、定格電流ごとに異なる色が用いられています

ヒューズの確認方法

ブレードタイプのエレメントはライトなど明るいものにかざすと、確認しやすくなります。エレメントは見えづらい柱付近がわずかに切れることもあるので、目を凝らし隅々まで確認しましょう

バッテリーの点検

点検のためにバッテリーを外します。作業時はメインスイッチは必ずOFFにし、バッテリーコードの脱着手順を確実に守りましょう。

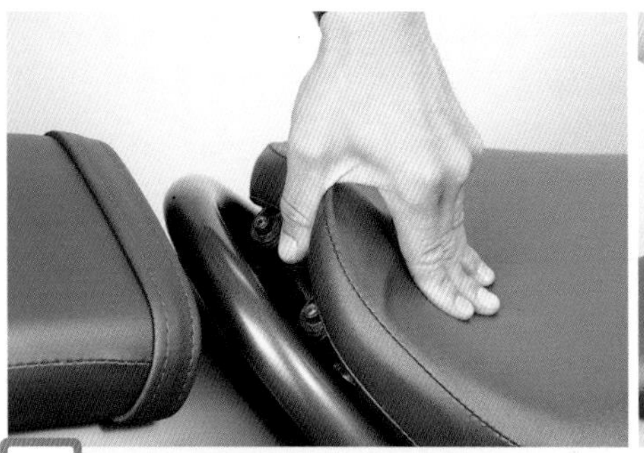

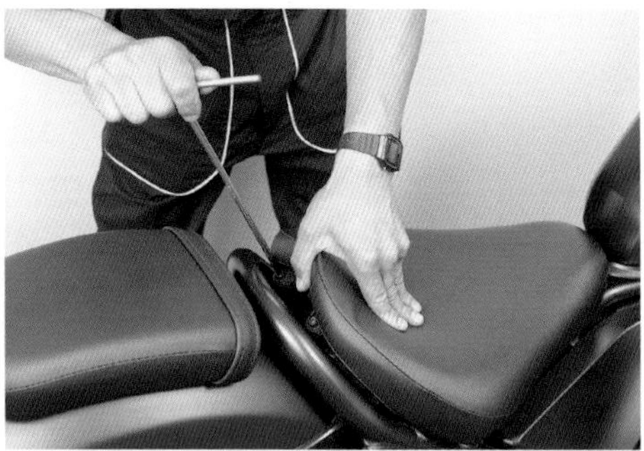

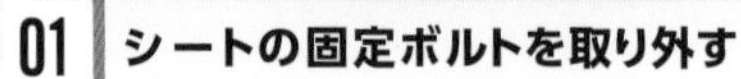

01 シートの固定ボルトを取り外す

バッテリーはシートの下に設置されている例がほとんどです。レブル250も同様なので、シートを外すため後端部を持ち上げて固定ボルトを露出させ、長めの5mm六角レンチでそれを外します

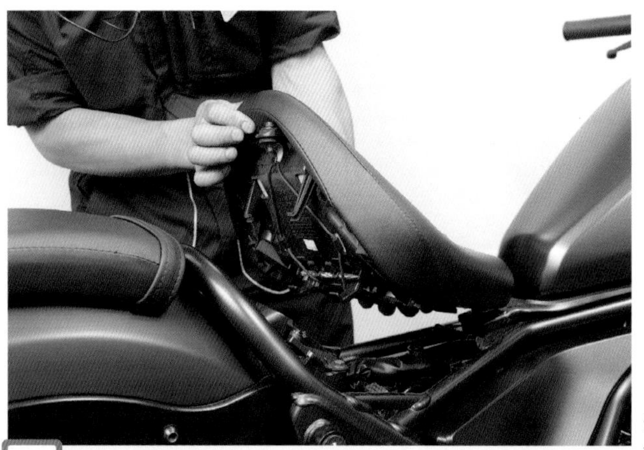

02 シートを取り外す

シートの前方には爪があり、フレームに差し込まれています。取り外し時は後ろを持ち上げた上で後方に引きます

● アドバイス Advice

取扱説明書を確認する

バッテリーの位置と取り外し手順（部品構成）は車両により違います。樹脂製カバーは固定に爪を使うことが多く、扱いを間違えると破損させやすいため、取扱説明書で脱着の手順を事前によく確認しておきます

ハーネスの取り回しを記録しておきます

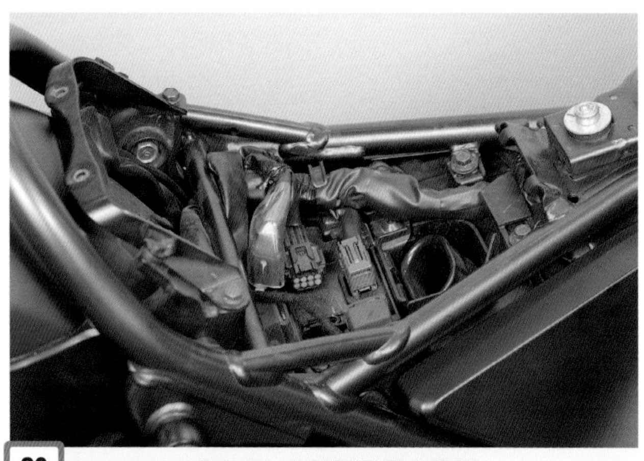

03 ハーネスの取り回しや部品配置を確認

シートを外すとバッテリー周辺部が露出します。多数の電装部品やハーネス（配線）を取り外したり移動し、最終的に復帰させるので、参考となる写真を撮っておくと間違いを減らすことができます

カプラーの取り外しは慎重にします

バッテリーカバーに取り付けられた赤いデータリンクカプラーを外します。矢印の爪を持ち上げるとロックが外れるので、写真手前方向に引いて取り外します

04 データリンクカプラーを外す

05 エアーチェックコネクターを外す

黒いエアーチェックコネクターも外します。こちらの爪はデータリンクカプラーとは逆側、矢印の位置にあり、上に向かって押してロックを解除します

● アドバイス Advice

爪を押す向きに注意

カプラーのロックを解除するために爪を操作しても動かない。そんな時は爪を押す向きを変えてみます。同じカプラーにある爪でも、ロック解除のために押す方向が違うことがあるので、思い込まず柔軟に考えることが大切です

動きにくいからと無理な力をかけてはいけません

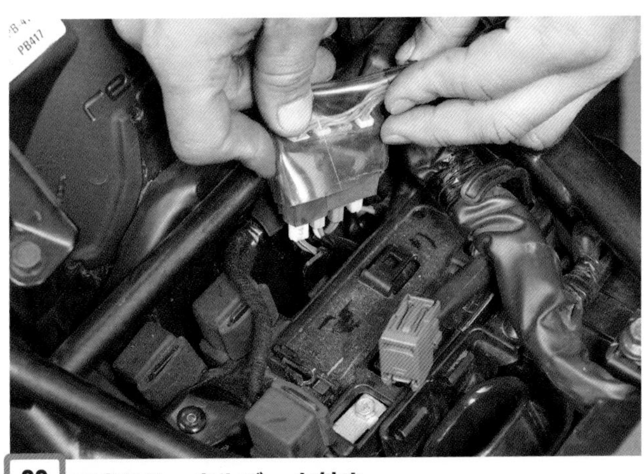

バッテリーカバー後面に取り付けられたコネクターホルダーを外します。これはカバーの爪にホルダーのゴムが差さっているだけなので、上に引き抜くだけで外せます

06 コネクターホルダーを外す

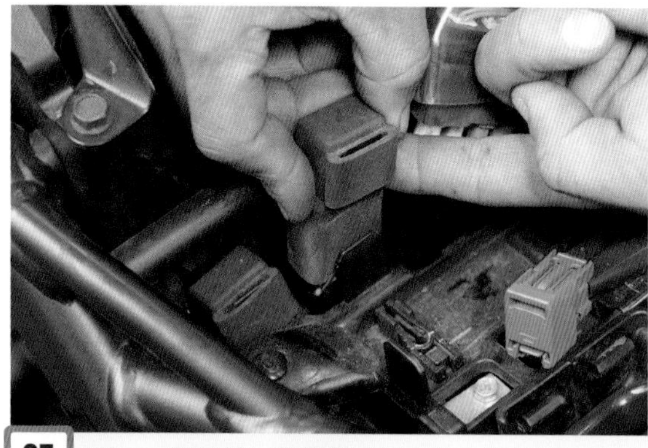

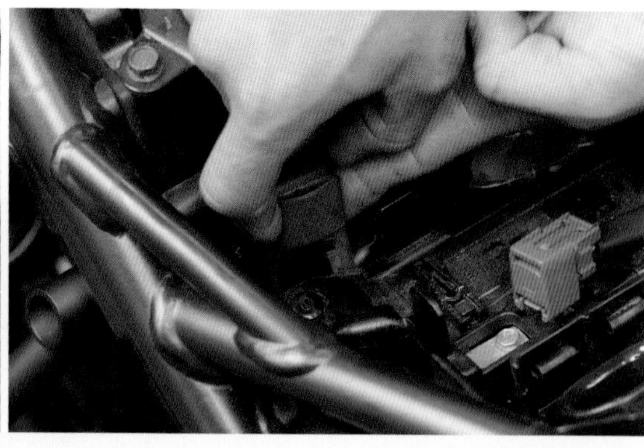

07 リレーホルダーを外す

コネクターホルダー脇に2つ、データリンクホルダー近くのバッテリーカバー上面に1つ、計3つのリレーホルダーを外します。これらも上に引くだけで外せます

08 全ての部品を外したかを確認

バッテリーカバー取り外しの妨げになるカプラー、ホルダー全てが外れているかを確認します

09 クリップを外す

バッテリーカバーを固定しているクリップを外します。クリップは中央部を押して凹ませるとロックが外れます

10 ハーネスを避けてもう1つのクリップを外す

クリップは2つあり、左側は太いハーネスの下にあります。浮かないように押さえている爪からハーネスを外して横にずらし、スペースを作った状態でクリップを取り外します

11 クリップの処理

クリップは外したままの状態(写真左)では固定できません。そこで棒状部分を押し戻し、写真右のように上部から飛び出した状態にします。固定する時は、飛び出た部分を押し、つば部分と同一面にします

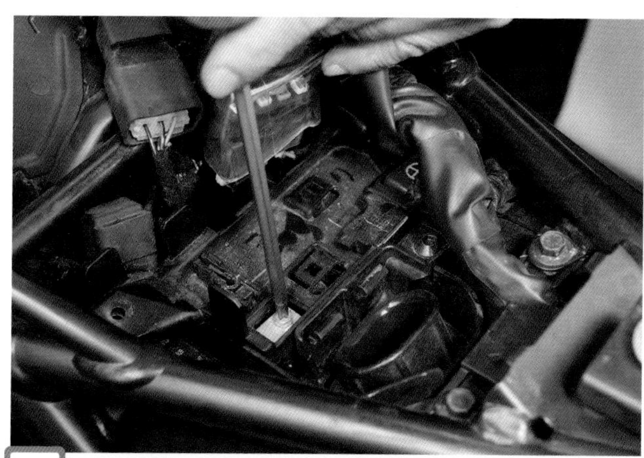

12 マイナス端子のボルトを取り外す

プラスドライバーを使い、バッテリーのマイナス端子とバッテリーコードを留めているボルトを外します

ポイント Point

取り外しはマイナスから

バッテリー脱着で怖いのがショートです。その可能性を下げるため、端子からコードを外す時はマイナスから。そして取り付ける時はプラスからが鉄則です。またプラス端子作業時、工具が金属部分に触れるとショートするので充分注意します

アドバイス Advice

作業を先回りして考える

部品やハーネスの接続を解除したら、今後の作業でそれが邪魔にならないかチェックします。邪魔になるだけなら良いですが、干渉して思いがけず強い力で引っ張ってしまい、破損させる可能性もあります。事前に対処すれば逆に効率も上がります

13 コードの端子をずらす

マイナスコードの端子をカバーからずらします。これはカバーを開いた時に引っかかって破損する恐れがあるからです

14 固定ボルトを差し込む

バッテリー端子の中にある四角いナット
が脱落しないよう、固定ボルトをナットが
落ちない程度にねじ込んでおきます

● アドバイス Advice

小さい部品の脱落に注意

ねじやボルトといった小さな部品は外したまま放置せず、安全な場所で保管します。オートバイは手が入りにくい部分が多く、そこに落ちると回収は困難なことも。回収できない部品がトラブルを起こす可能性も少なからずあるので気をつけましょう

15 バッテリーカバーを取り外す

改めて外し忘れたものがないかを確認し、ハーネスを避けながらバッテリーカバーを外します

16 プラス側のコードを外す

バッテリーのプラス側コードを外します。これもハーネスが上にあるので横に避け、赤いターミナルカバーをずらしてボルトを外します。工具の金属部が車体側の金属部に触れないよう充分気をつけます

バッテリーは重いので落とさないこと

17 バッテリーを取り外す

ハーネスを避けながらバッテリーを取り外します

18 バッテリーの電圧を確認

マルチテスターを使って、プラス、マイナス端子間の電圧を測定します。12.8Vを下回るようなら補充電します

ポイント Point

補充電

電圧が低下していたら補充電します。充電はバッテリー形式に対応した充電器を使います。開放式バッテリーを充電する場合は、水素ガスが発生するので、それを逃がすために液口栓をすべて外した上で、風通しの良い場所で充電します

19 バッテリーを元に戻す

落下させて破損させない、また端子接触によるショートに気をつけて、バッテリーを車体に戻します

20 プラス端子にコードを接続する

バッテリーやコードの端子が他に触れないよう注意しながら両者をボルトで接続し、ターミナルカバーを被せます

21 バッテリーカバーを取り付ける

ハーネスを避け、バッテリーカバーを取り付けます

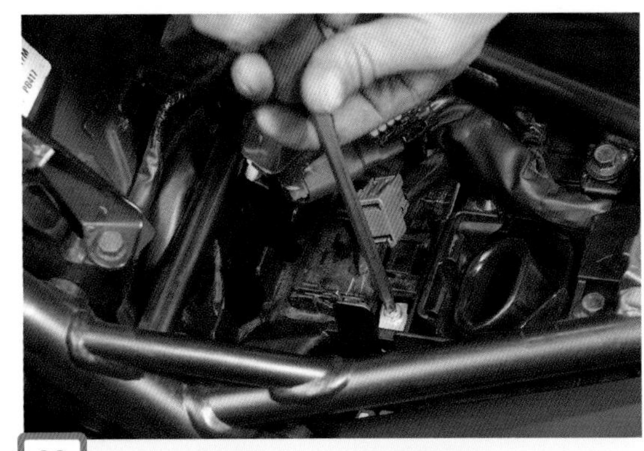

22 マイナス端子にコードを接続する

マイナス端子にボルトを使いコードを接続します。ボルトは緩まないようしっかり締め付けます

23 リレーとターミナルカバーを取り付ける

3つのリレー、ターミナルカバーを取り付けます。車体側の突起を、各部品にあるスリットに入れて固定します

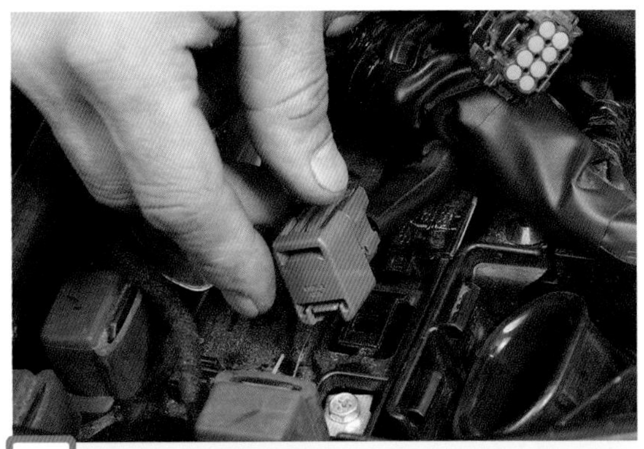

24 カプラーを取り付ける

データリンクカプラー、エアーチェックコネクターを取り付けます。カチッとした手応えがあるまで差しましょう

25 各部品が元に戻せたかを確認

作業前の状態に戻せたかを確認したら、シートを取り付けます

● アドバイス Advice

配置は必ず再現する

オートバイは、スペースが限られるので各部品やハーネスの配置に余裕がありません。バッテリー周りは太いハーネスが多く、その取り回しが違うと周辺部品の取り付けが困難になったり、破損の可能性があるので確実に元の状態を再現します

ヒューズの点検・交換

ヒューズの位置や数は車種により大きく違います。バッテリー同様、取扱説明書で確認しておくのが前提となります。

01 右サイドカバーを取り外す

メインヒューズは右サイドカバー内部にあります。グロメットで固定されているので、隙間に指を入れ手前に引きます

02 メインヒューズが露出する

サイドカバーを外すとメインヒューズ周りが露出します。固定用グロメットは丸印の3ヵ所にあります

03 スターターマグネットスイッチを外す

モデル車のレブル250ではメインヒューズはスターターマグネットスイッチにあるので、それを手前に引いて車体から取り外します

04 カプラーを外す

側面にある爪の上部を押してロックを解除した状態で、赤いカプラーを上に引いて分割します

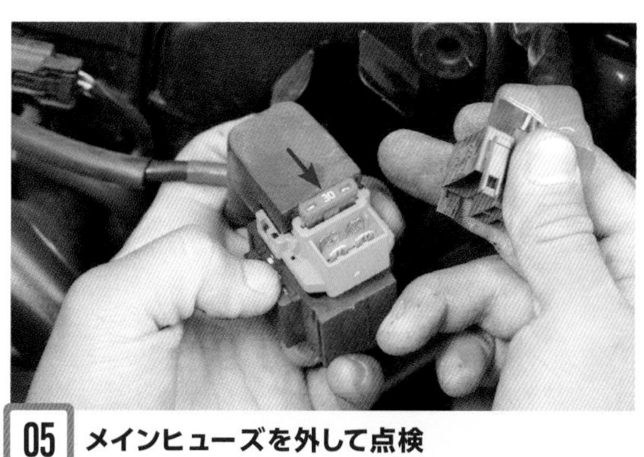

05 メインヒューズを外して点検

カプラーを外すとメインヒューズが見えます。電装系全般が全く動かない場合にチェックします

06 カプラーを取り付ける

点検を終えたらカプラーを取り付けます。しっかり奥まで差し込み、爪を確実にロックさせます

07 スイッチを元に戻す

スイッチのゴム部分のスリットに、車体の板状の突起を差して固定します。ゴム部分にはスペアヒューズがあります

グロメットの爪を折らないように

3ヵ所あるグロメットに爪を差し込んでサイドカバーを固定します。脱落することがないよう、上から手応えがあるまで押すことで爪をグロメットの奥までしっかり押し込みます

08 サイドカバーを取り付ける

09 サブヒューズはバッテリーの脇

レブル250のサブヒューズはバッテリーの脇にあり、アクセスするためにバッテリーカバーを外します

アドバイス Advice

ヒューズボックスのふたに注目

サブヒューズには、ヘッドライト、ウインカー、ホーンというようにそれぞれ担当する回路(電装品)があります。そのヒューズが担当する回路はヒューズボックスのふたに記載されているので、不具合のある回路の担当ヒューズを確認します

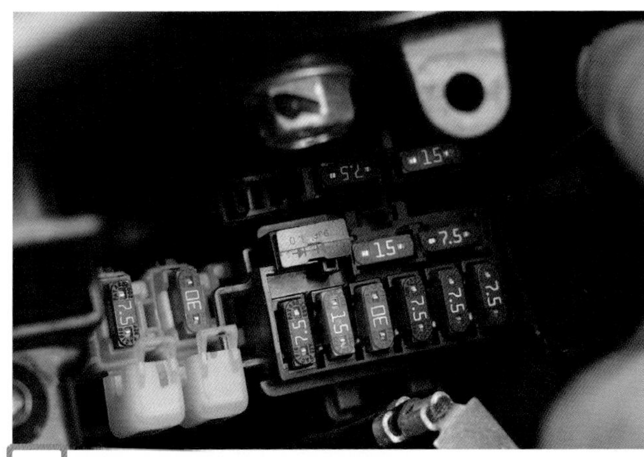

10 ふたを開けるとヒューズが見える

ヒューズボックスのふたを開けるとヒューズが見えます。サブヒューズは1つのボックスに入っていることもあれば、このように複数に分かれていることもあります

ポイント Point

同じ定格電流のヒューズを使う

どの定格電流を使うかは厳密に決められています。異なるものに変えると、異常が無いのに切れたり、想定以上の電流が流れて電装系を壊したり、最悪車両火災を起こします。緊急時でも、本来の定格電流以外のヒューズを使ってはいけません

小型のヒューズの取り外しは工具を使います

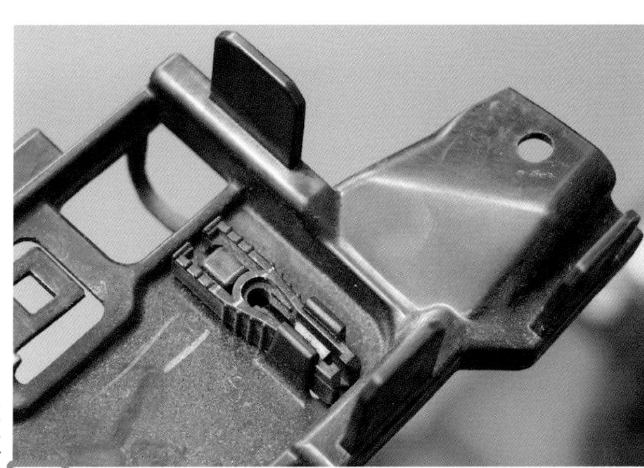

11 バッテリーカバーに取り付けられたヒューズプーラー

ミニブレードタイプのヒューズは小さく手での取り外しは困難。そこで専用の工具が付属することがあり、レブル250ではバッテリーカバーにあります

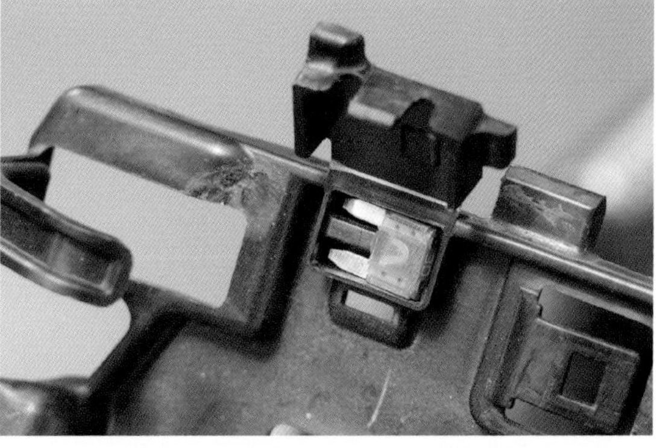

12 スペアヒューズの位置

サブヒューズにも各定格電流ごとに1つスペアが用意されています。この車両では一番大きなヒューズボックスに2つ（他と向きが異なるもの）、そしてバッテリーカバーにもう1つ取り付けられています

PART 02

ライトバルブの交換

二輪車でもLEDが普及していますが、ハロゲンバルブを採用する車両もまだ多く存在します。そのバルブの交換方法を紹介します。

ヘッドライトバルブ

ヘッドライトの電球=ヘッドライトバルブには様々な種類があります。ハイとロー、2つの光源があるのはほとんどで共通していますが、その明るさ、取付口金形状は様々で、交換時はどれが使われているかを必ず確認しておきましょう。大まかに言えば250cc以上は多くがH4タイプなのに対し、原付、125ccクラス、オフ車は多種多様な物が使われています。

フィラメント

ワイヤーがコイル状に巻かれた発光体です。バルブによっては、ロービームとハイビームの2つのフィラメントがあり、振動などで片側のみ切れることもあります

アドバイス Advice

ガラス内が黒いのはフィラメント切れのサイン

灯火類が点灯しないのでバルブ切れを疑って取り出してみると、バルブのガラス内が黒く煤けていることがあります。これはフィラメントが切れているサインで、発見したら改めてフィラメントの状態を確認することなく交換してしまいましょう

種　類

ヘッドライトバルブの取付部=口金には種類があります。右の図はその一例で、それぞれ名称が付いています。ただ統一の規格であるのはH4のみ。その他は交換用バルブで有名なM&Hマツシマ独自の名称ですが、一般的な呼称として使用されているのが現状です。ただ車両メーカーは使わないので、実車確認が重要です。

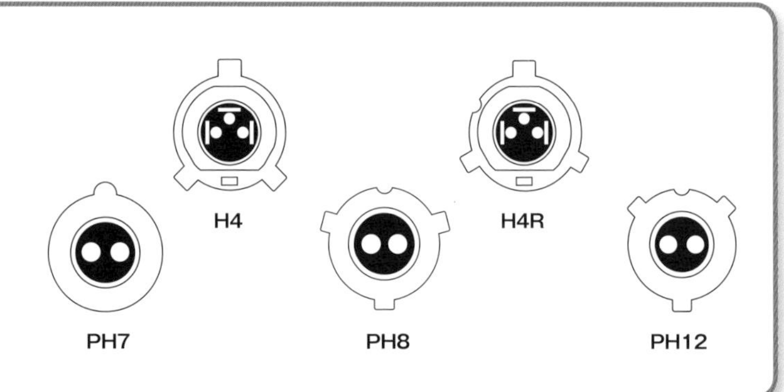

ウインカー・テールランプのバルブ

ウインカー、テールランプのバルブは、まず金属製の口金を持つタイプ、全体がガラスのウェッジタイプがあり、それぞれフィラメントが1つのシングル球、2つのダブル球が存在し、また高さ違いもあるなど多様な種類があります。

1

2

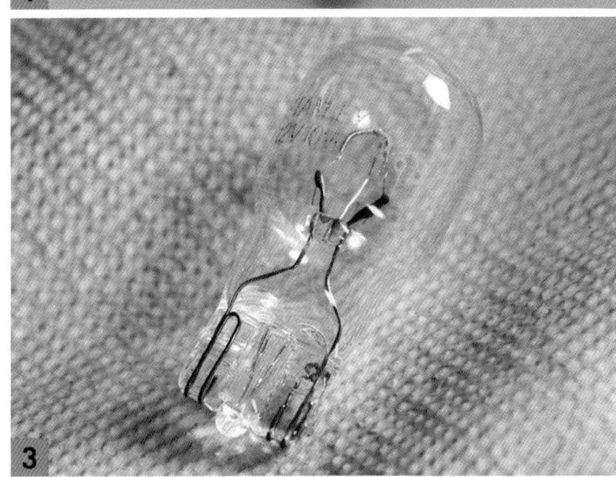

3

1.ウインカーなどに使われるシングルの口金タイプのバルブです。口金の位置決め用ピンが同じ高さに付いています。このピンは写真のように180度対称の位置にあるものの他、120度(240度)間隔のものもあります　2.こちらはテールランプやポジション機能付きウインカーに使われるダブル球。ピンは高さ違いになっていて、取り付け向きを制限しています。シングル、ダブルとも電球部の大きさ(高さ)に種類があり、適切に選ばないとレンズに当たってしまいます　3.近年の車両ではメーター球を始め使用例が増えているウェッジ球。取付金具はなく、細く平らな部分を直接ライト本体に差し込みます。この取付部の幅に種類があります

ライトバルブの定格

ライトバルブには定格という規格があります。これは適合電圧と明るさに相当するワット数を表し、シングル球なら数字は1つ、ヘッドライトバルブやダブル球になら2つの数字が記載されます。純正と同じにするのが基本です。

12V 60/55W

- 12V：電圧
- 60：ハイビーム(ストップ)側のワット数
- 55：ロービーム(ポジション)側のワット数

ヘッドライトバルブの交換

モデル車のレブル250のようなヘッドライトがむき出しの車両では、比較的手軽に作業することができます。

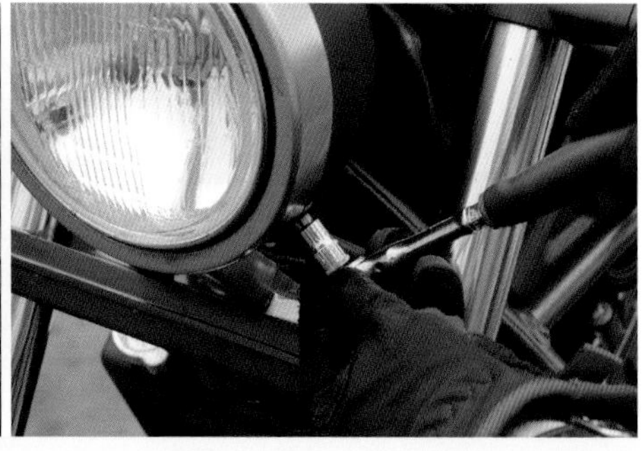

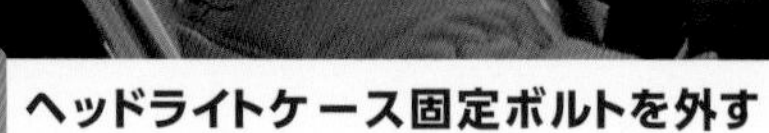

01 ヘッドライトケース固定ボルトを外す

ヘッドライトケースとヘッドライトユニットを固定しているボルト2本を5mm六角レンチで外します

傷を付けないよう慎重に作業します

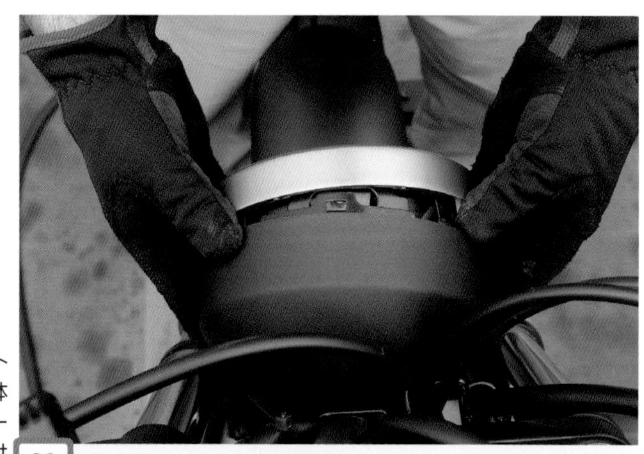

02 ヘッドライトケースを外す

レブル250のヘッドライトはヘッドライトユニット（レンズを含む前側部分）で車体に固定されているので、ヘッドライトケースを外します。後ろにずらし、配線を避けながら外しましょう

03 カプラーを抜く

ヘッドライトバルブに差し込まれたカプラーを引き抜きます

● アドバイス Advice

他の部品を外す場合も

できるだけ該当部分だけで作業したくなりますが、それで部品を傷つけては本末転倒。作業しづらいと思ったら、周囲の部品を外すことを考えます。レブル250の場合、ヘッドライトユニットを外してしまうと、作業性がぐっと向上します。

04 **ラバーカバーを外す**

ライトバルブ付近を覆っているラバーカバーを外します

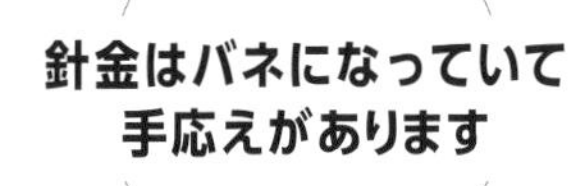

針金はバネになっていて
手応えがあります

05 **ヘッドライトバルブの固定方法**

ヘッドライトバルブは、針金で固定されます。この針金は上側にロックがあり、下側を軸にして動かす構造です

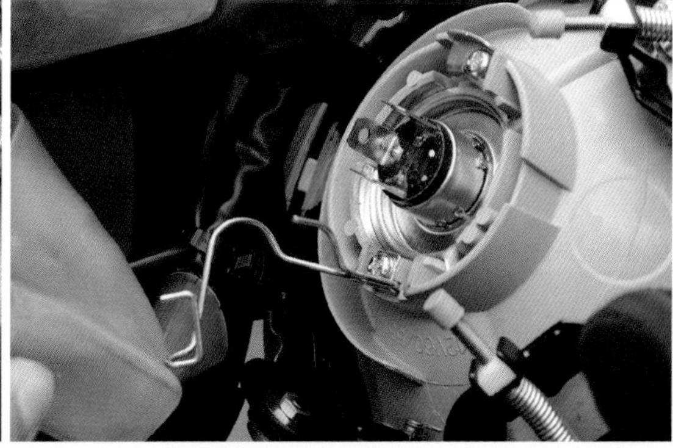

06 **ロックを解除する**

針金状のロックの先端部を時計回りに動かし、ライトユニットの切り欠きを通過させると、写真左の状態になるので、それを写真右のように持ち上げて、ライトバルブに掛からない状態にします

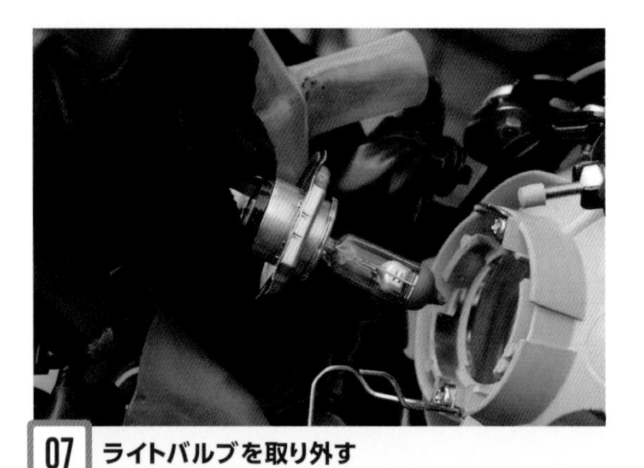

07 ライトバルブを取り外す

ロックを外せば、手前に引くだけでライトバルブを取り外すことができます

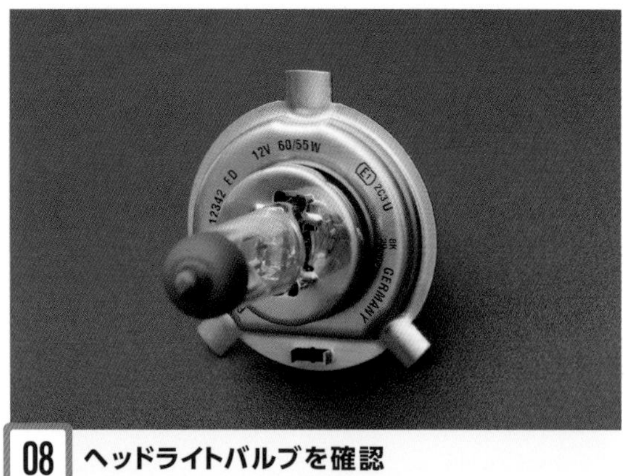

08 ヘッドライトバルブを確認

取り付けられていたバルブを確認します。レブル250はH4の12V60/55Wを使っています

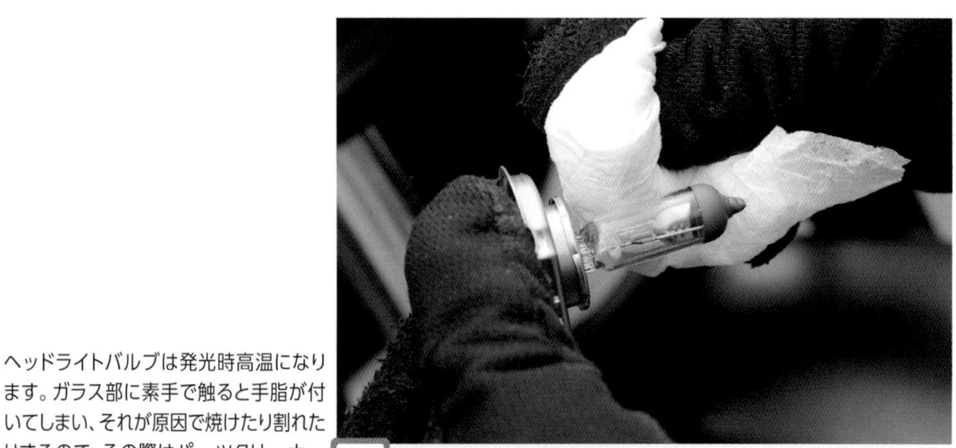

09 ガラス部分を清掃する

ヘッドライトバルブは発光時高温になります。ガラス部に素手で触ると手脂が付いてしまい、それが原因で焼けたり割れたりするので、その際はパーツクリーナーを含ませたウエス等で清掃します

ガラス部分には触らないようにします

10 ヘッドライトバルブを取り付ける

ライトユニット側の切り欠きに突起を合わせてライトバルブを差し込みます。次にロックを倒し、その先端をライトユニットにある切り欠きから奥に入れ固定します

11 ラバーカバーを取り付ける

カバーには方向を示す印があるので、それを合わせながら隙間ができないよう、ライトユニットに取り付けます

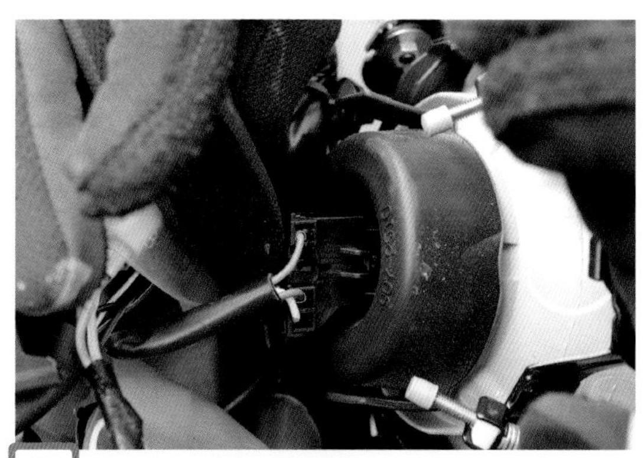

12 カプラーを取り付ける

ヘッドライトバルブにカプラーを差し込みます。しっかり奥まで差し込み、ぐらつかない状態にします

13 ヘッドライトケースを取り付ける

配線等を避けながらヘッドライトケースをかぶせ、取り付けボルト穴を合わせてヘッドライトユニットに密着させます

14 固定ボルトを取り付ける

固定ボルト2本を取り付けます。ボルトを差しにくい場合、ヘッドライトケースの位置を調整しましょう

15 点灯確認をする

ハイとロー、いずれも正常に点灯するかを確認すれば交換作業は完了です

ウインカーバルブの交換

ウインカーレンズの固定方法は、車両により細部が異なるので確認しながら慎重に作業を進めていきましょう。

01 レンズ固定ねじを取り外す

フロントから作業します。まずウインカー本体下、写真の位置にあるレンズ固定ねじをプラスドライバーで抜き取ります

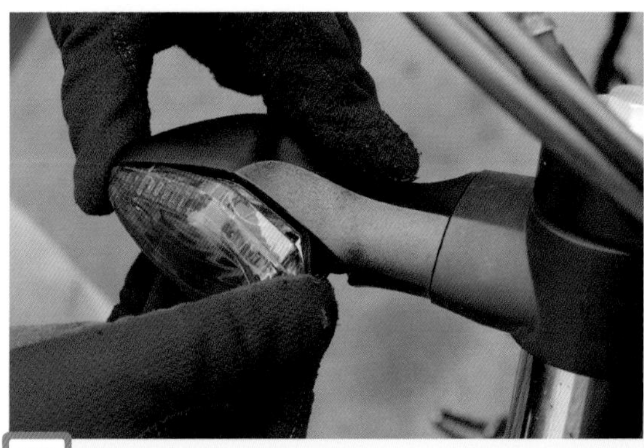

02 ウインカーレンズを外す

ウインカーレンズを外します。レブル250のレンズは車体外側に爪があるので、それを支点に固定ねじ側を持ち上げるようにして分離します

ポイント Point

爪の位置に注意

ウインカーレンズは、固定用の爪がある場合があります。外れないからと無理にこじったりすると、爪を破損してしまいます。よく観察し、力をかける場所を変えてみたり、ネット等で同じ形状のウインカー（違う車種でも同形状の物を使う例は少なくありません）ではどうなっているか調べてみましょう

外したレンズは保管しておきます

03 ウインカーバルブの状態

この車両では口金タイプのバルブが使われています

04 バルブのロックを外す

バルブを押し込んだ状態で回転させ、ロックを解除します

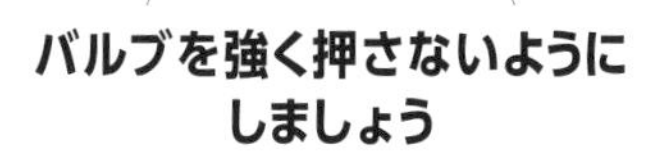

バルブを強く押さないように
しましょう

05 バルブを取り外す

ロックが解除できたら、ウインカーからバルブを取り外します

06 バルブの定格を確認

取扱説明書等に記載されている定格と同じかをチェック。中古車では違うものが付いている場合もあります

ポイント Point

ウインカーバルブの定格

ウインカーのバルブをメーカー指定と異なる定格のものにすると、点滅間隔が変わってしまいます。数W程度の差なら問題ありませんが、LEDバルブは白熱球より大幅に小さいため、高速で点滅するようになります。前後どちらかのみバルブが切れた時も消費電力が減るため、同様のことが起こります

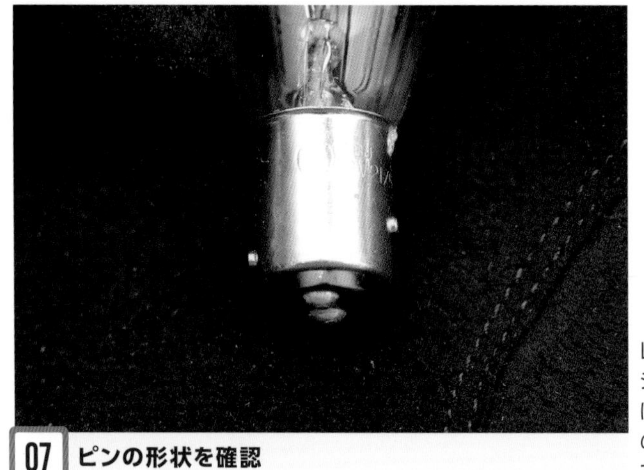

07 ピンの形状を確認

ダブル球はお尻の部分の突起も2つあります

レブル250のフロントウインカーはポジションライトを兼用しているので、バルブはダブルの12V21/5Wを使います。そのためピンは写真のように段違いになっています

08 シールガスケットをはめる

防水用のゴム紐のようなシールガスケットが用いられているので、レンズの収まる溝に収めておきます

09 バルブを取り付ける

溝とピンの位置を合わせバルブを止まるまで押し込み、回転してロックします

10 ガラス面を掃除する

ロックが掛からない場合、バルブの向きを変えて再装着。その後、ガラス面の手脂等を拭き取ります

11 ウインカーレンズの爪

ウインカーレンズの爪は、このような形状になっています。これをウインカー本体の切り欠きにセットします

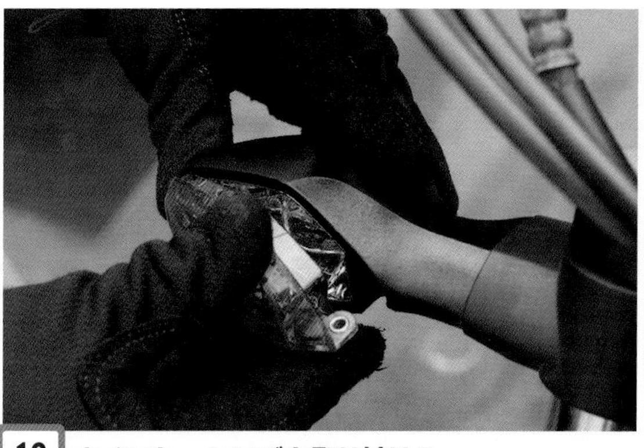

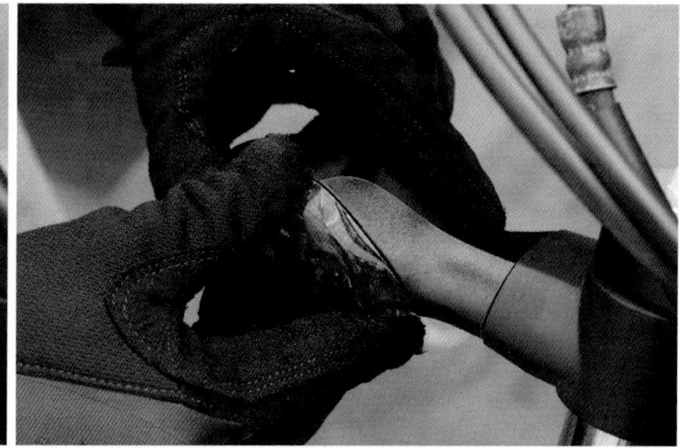

12 ウインカーレンズを取り付ける

まず爪をウインカー本体の切り欠きに差し込んだ後、車体中央側を閉じます

13 固定ねじを取り付ける

レンズが浮かないよう押さえながら、固定ねじでレンズを固定します

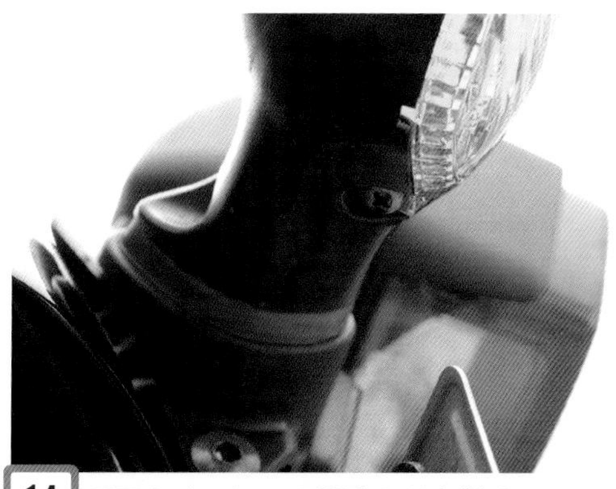

14 リアウインカーの固定ねじを外す

リアウインカーに移ります。こちらもまずレンズの車体中央寄りにある固定ねじをプラスドライバーで外します

15 ウインカーレンズを外す

外側にある爪を支点に、開くようにしてウインカーレンズを取り外します

16 バルブを取り外す

押しながら回転させることでロックを外し、ウインカーのバルブを外します

17 リアはシングル球

固定用ピンの角度も確認します

この車両でリアウインカーはシングル、定格12V21Wで、ピン位置180度のバルブを使用しています。この車両ではガラス部分が大きいですが、スペースの限られたウインカーでは同じ定格でもガラス部が小さく背が低いバルブが使われます

18 バルブを取り付ける

バルブを押し回しして取り付け（シングル球なので向きはありません）、ガラスに付着した手脂を拭き取ります

19 シールガスケットを溝に入れる

レンズ取り外し時に外れてしまいやすいシールガスケットを、先の細いもので溝に戻します

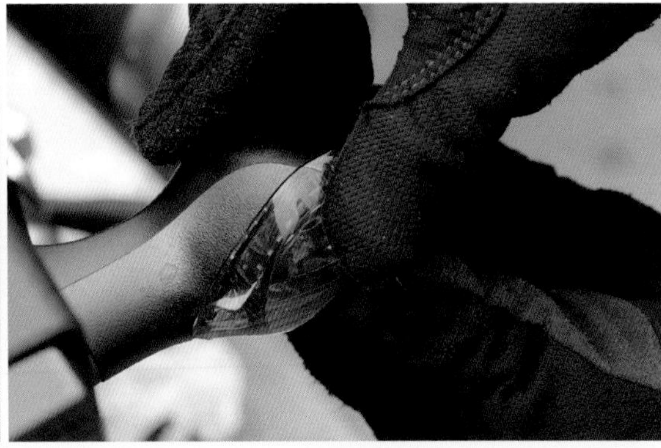

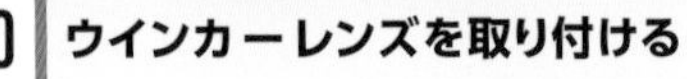

20 ウインカーレンズを取り付ける

外側にある爪を最初にはめ、それから車体中央部側を隙間なく取り付けます。固定ねじを取り付け、問題なく点灯するのを確認したら作業完了です

テールランプバルブの交換

ダブル球が使われることがほとんどのテールランプ。ポジション側は比較的切れやすいので、交換手順をしっかり覚えましょう。

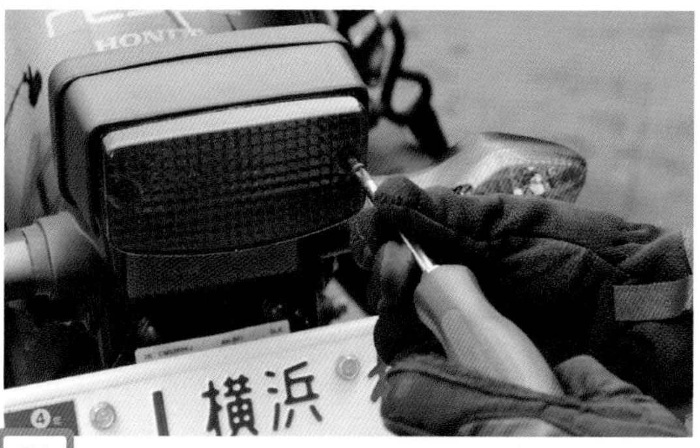

01 レンズを固定するねじを外す

テールランプにレンズを固定しているプラスねじ2本をプラスドライバーで緩めて抜き取ります

02 レンズを取り外す

レンズを取り外します。レブル250では爪はなく、手前に引くだけで外せます

03 テールランプのバルブ

反射板もきれいにしておきます

車種によって複数のバルブを使う例もありますが、この車両では中央に1つだけのバルブを使います

04 バルブを外す

バルブを押し込みながら回転させるとロックが外れるので、手前に引いて取り外します

05 使用バルブを確認

使われているバルブの定格を確認します。12V21/5Wが使われていました

06 口金の形状を確認

ダブル球なので、2つのピンは段違いになっています

07 取付部の溝を確認

取り付けるソケット側の縦溝も、一方はロック用の横溝が高めに、もう一方は低め(奥)になっているので、それに合わせて取り付けます

ポイント Point

ウェッジ球に向きはありません

口金タイプのダブル球は、ソケットに対し決まった向きがあり、間違えると取り付け(ロック)ができません。それに対し、ウェッジ球は表裏どちらでもソケットに差すことができ、どちらでも問題なく動作します。取り付け時は奥までしっかり差します

08 バルブを取り付ける

溝とピンの位置を合わせてバルブを差し込み、一旦止まったところから更に押し込んだ状態で回転させるとロックされます。回転できない場合、一度バルブを抜き、向きを180度変えて作業し直します

グローブを付けると
汚れにくくなります

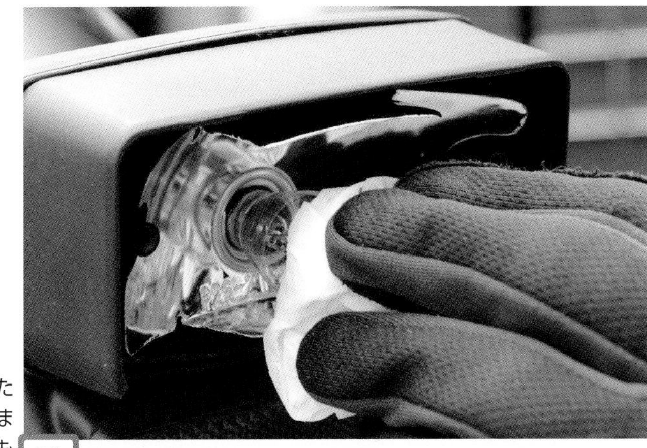

作業においてガラス部分に素手で触れた場合、ウエス等で手脂を拭き取ります。またこの段階で、ポジション、ストップとも点灯するか確認しておきます

09 ガラス部をクリーニングする

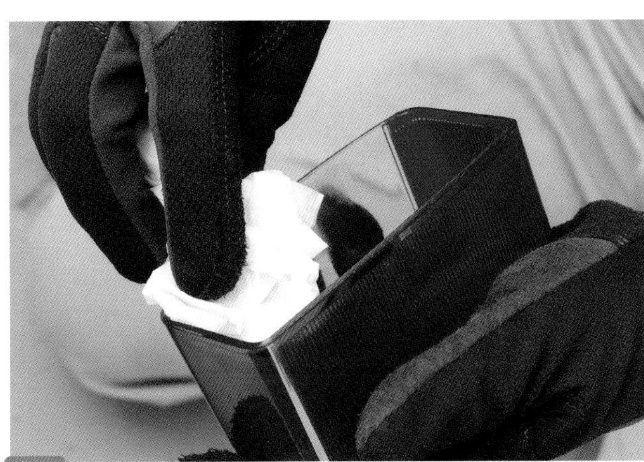

10 レンズを清掃

汚れにより光が遮られ暗くなっていることがあるので、レンズの内外を清掃します

ポイント Point

テールランプバルブの色

テールランプ用バルブには白の他に赤もあります。ナンバー灯が個別にある車両なら別ですが、モデル車のように共用(レンズの一部が透明になっています)の場合、白でないと保安基準違反になるので気をつけましょう

11 レンズを取り付ける

レンズをテールランプ本体にセットし、一番奥まで入れていきます

12 ねじで固定する

レンズをねじで固定し、改めて正常に点灯する事を確認すれば完了です

SHOP INFORMATION

本誌を制作するために、高い技術力を持つショップや、レンタルバイク会社にご協力いただいたので、ここで紹介します。

整備を安心して頼める大型正規店

菊池秀樹 氏

豊富な経験を持つ同店の工場長として、メンテナンスを取り仕切る一方、顧客対応も担当しています。モトクロスレースの経験もあり、現在の愛車はCRF250Lとのこと

横浜市旭区、保土ヶ谷バイパス下川井ICや横浜ズーラシアが至近の国道16号沿いに位置するのが、ホンダドリーム横浜旭です。いうまでもなく、ホンダドリームはホンダ製バイクの専門店で、250cc以上のモデルを中心に多数の新車を展示販売しています。特にこの横浜旭店は大型の店舗を誇っているので、在庫する車両数は圧倒的です。

大型正規店として、車両が購入できるだけでなくそのメンテナンスも当然受け付けていて、高いレベルで愛車を修理・調整をしてもらえます。その安心感、信頼性から取材時も多くのライダーが訪れていたほど。系列店合同でのツーリングも実施しており、オートバイライフ全般をサポートしてくれます。

遠くからでも存在感を放つ大型店舗の中には、新車はもちろん中古車も数多く展示されています。広く整理が行き届いた整備スペースが完備され、高いレベルの整備がされています

ホンダドリーム横浜旭

神奈川県横浜市旭区都岡町11-3　Tel 045-958-0711

営業時間 10:30〜18:00　定休日 水曜、第一、最終週を除く火曜

URL : https://www.dream-tokyo.co.jp/shop_asahi/

国産車やハーレーの整備はおまかせ

鈴木良邦 氏

ヤマハ正規販売店で経験を積み、整備やカスタムの優れた腕前を持つ。スポーツランの経験も豊富

ブレーキ周り等の取材を担当してくれた同店は、国産スポーツ車やハーレーの整備やカスタムを得意としています。車両販売も手掛けていて、お客さんの好みに合った車両を手配してくれます。不在が多いので来店時は連絡をしましょう。

スピードハウス

埼玉県入間市宮寺2218-3　Tel 04-2936-7930

営業時間 11:00～19:00　定休日　水曜・木曜

レンタルバイクの全国ネットワーク

レンタル819（株式会社キヅキ）

受付センター Tel 050-6861-5819

URL　https://www.rental819.com

モデル車であるレブル250（初期タイプ）をお借りしたのはレンタル819ブランドで知られる株式会社キヅキです。幅広い車種を全国各地で、気軽にレンタルできます。申込みは同社ウェブサイトから可能で、例えばレブル250ならレンタル費用は24時間利用で任意保険料込14,100円となっています。

オートバイの洗車・メンテナンス入門 決定版

STAFF

PUBLISHER
高橋清子 Kiyoko Takahashi

EDITOR, WRITER & PHOTOGRAPHER
佐久間則夫 Norio Sakuma

DESIGNER
小島進也 Shinya Kojima

ADVERTISING STAFF
西下聡一郎 Soichiro Nishishita

PHOTOGRAPHER
梶原 崇 Takashi Kajiwara
柴田雅人 Masato Shibata

PRINTING
中央精版印刷株式会社

PLANNING, EDITORIAL & PUBLISHING
(株)スタジオ タック クリエイティブ
〒151-0051 東京都渋谷区千駄ヶ谷3-23-10 若松ビル2F
STUDIO TAC CREATIVE CO.,LTD.
2F, 3-23-10, SENDAGAYA SHIBUYA-KU, TOKYO 151-0051 JAPAN
[企画・編集・デザイン・広告進行]
Telephone 03-5474-6200 Facsimile 03-5474-6202
[販売・営業]
Telephone 03-5474-6213 Facsimile 03-5474-6202

URL https://www.studio-tac.jp
E-mail stc@fd5.so-net.ne.jp

2208A

2022年 8月5日 発行

警告

■この本は、習熟者の知識や作業、技術をもとに、編集時に読者に役立つと判断した内容を記事として再構成し掲載しています。そのため、あらゆる人が作業を成功させることを保証するものではありません。よって、出版する当社、株式会社スタジオ タック クリエイティブ、および取材先各社では作業の結果や安全性を一切保証できません。また、作業により、物的損害や傷害の可能性があります。その作業上において発生した物的損害や傷害について、当社では一切の責任を負いかねます。すべての作業におけるリスクは、作業を行なうご本人に負っていただくことになりますので、充分にご注意ください。
■使用する物に改変を加えたり、使用説明書等と異なる使い方をした場合には不具合が生じ、事故等の原因になることも考えられます。メーカーが推奨していない使用方法を行なった場合、保証やPL法の対象外になります。
■本書は、2022年6月30日までの情報で編集されています。そのため、本書で掲載している商品やサービスの名称、仕様、価格などは、製造メーカーや小売店などにより、予告無く変更される可能性がありますので、充分にご注意ください。
■写真や内容が一部実物と異なる場合があります。

STUDIO TAC CREATIVE
(株)スタジオ タック クリエイティブ

ISBN978-4-88393-972-5